高校数学教学方法与教学设计研究

李金珠　著

哈尔滨出版社
HARBIN PUBLISHING HOUSE

图书在版编目（CIP）数据

高校数学教学方法与教学设计研究／李金珠著.
哈尔滨：哈尔滨出版社，2024.9. -- ISBN 978-7-5484-
8207-9

Ⅰ. O13-42

中国国家版本馆 CIP 数据核字第 20242W13C0 号

书　　名：高校数学教学方法与教学设计研究
　　　　　GAOXIAO SHUXUE JIAOXUE FANGFA YU JIAOXUE SHEJI YANJIU

作　　者：李金珠　著
责任编辑：刘　硕
封面设计：赵庆旸

出版发行：哈尔滨出版社（Harbin Publishing House）
社　　址：哈尔滨市香坊区泰山路82-9号　　邮编：150090
经　　销：全国新华书店
印　　刷：北京鑫益晖印刷有限公司
网　　址：www.hrbcbs.com
E－mail：hrbcbs@yeah.net
编辑版权热线：（0451）87900271　87900272
销售热线：（0451）87900202　87900203
开　　本：787mm×1092mm　1/16　印张：9.5　字数：208千字
版　　次：2024年9月第1版
印　　次：2024年9月第1次印刷
书　　号：ISBN 978-7-5484-8207-9
定　　价：48.00元
凡购本社图书发现印装错误，请与本社印制部联系调换。
服务热线：（0451）87900279

前 言
preface

 时代在发展，社会在进步，教育工作也必须创新和改革。高等数学是高校中较为重要的公共基础课，对学生专业课程的学习和思维能力的培养有重要的价值和作用，对实现高等教育目标也有着极为重要的意义。所以，在新时期，高校数学教学必须结合时代发展特点，以及实际情况进行，以保证培养出来的学生能够满足时代发展的要求和社会需求，成为素质优越的人才。

 数学教学中的关键是学生要学得进去，教师要使用合适的教学方法，注重实用性，激发学生的学习兴趣，同时注重学生学习方法的引导。

 本书是一本关于高校数学教学方法与教学设计方面研究的图书。全书首先对高校数学教学进行概述，介绍了数学教学的目标与任务、当代数学教学改革与发展、现代教育思想与高校数学教学等内容；然后对高校学生的数学素质及能力培养、高校数学教学设计基础等进行分析；最后对现代教育技术下的高校数学教学创新进行探讨。本书论述严谨，结构合理，条理清晰，内容丰富，且能为当前高校数学教学方法与教学设计相关理论的深入研究提供借鉴。

 本书参考了大量的相关文献资料，借鉴、引用了诸多专家、学者和教师的研究成果，其主要来源已在参考文献中列出，如有个别遗漏，恳请作者谅解并及时和我们联系。本书的写作得到很多专家学者的支持和帮助，在此深表谢意。由于能力有限，时间仓促，虽极力丰富本书内容，力求其完美无瑕，但经多次修改仍难免有不妥与遗漏之处，恳请专家和读者指正。

目 录
contents

高校数学教学概述

第一节　数学教学的目标与任务

一、数学教学目标

对于数学教学工作来说，出发点和归宿都是数学教学的目标。此外，数学教学目标是衡量数学教学质量的重要尺度。

（一）数学教学目标的含义

数学教学目标的认识是一个动态发展的过程，它紧密围绕数学教学的核心目的和要求，旨在明确一段时间内需要达成的预期成果。这一目标不仅是师生在教学活动中共同追求的学习标杆，还详细描述了学生学习成果，以及教学活动结束时学生在知识、技能等方面的显著变化。

教学目标体系呈现清晰的层次结构，从宏观、抽象的教育目的出发，逐级细化至微观、具体的课时教学目标。教育目的作为最高层级，它是对全体受教育者未来发展的总体设想，定义了社会所期望的个体质量规格。而培养目标则在这一基础上，进一步明确了各级各类学校的具体教育方向和要求。

为了实现培养目标，各学科需要制定相应的教学目标，这些目标既体现了学科特性，又覆盖了不同学段的教学需求。在数学教学中，学科教学目标被进一步细化为单元教学目标，由各学科教师在教学实践中具体落实。最终，单元教学目标又被分解为课时教学目标，成为教育目的系统中最为微观、具体的层级，它直接指导着课堂教学的实施，是实现课程目标的关键环节。

在这个过程中，教学目标的全面改革至关重要。通过摒弃重复、低效的教学内容和方法，我们致力于构建一个更加高效、系统的教学目标体系。这不仅能够提升学生的数学素养和综合能力，还能够促进教学质量的整体提升。

（二）数学教学目标的功能

1. 促进数学学科教学功能的发挥

在数学教学实践中，教师肩负着至关重要的任务——科学合理地制定数学教学目标。这一环节的核心地位不容忽视，因为目标的设定直接关联到教学活动的方向与成效。若未能妥善完成这一工作，数学教学目标便有可能偏离其应有的轨道，与数学教学的基本功能和宗旨脱节。这样的偏离不仅会削弱数学教学的实效性，更可能阻碍学生全面而深入地掌握数学知识与技能，影响他们数学素养的形成与发展。

从更深层次来看，数学教学目标不仅仅是教学活动的指南针，更是促进数学学科教学功能充分发挥的关键所在。一个明确、具体且符合学生实际的教学目标，能够引导教师在教学过程中聚焦于核心内容与技能的培养，确保教学活动始终围绕数学学科的本质与要求展开。同时，这样的目标还能激发学生的学习兴趣与动力，促使他们主动参与到数学学习中来，从而在实践中不断加深对数学知识的理解与应用能力。

2. 促进数学教学任务的明确与落实

数学教学任务的顺利完成，其背后离不开一个清晰而恰当的数学教学目标作为指引。这一目标不仅是教学活动的核心导向，更是确保教学任务明确无误、得以有效落实的关键因素。当数学教学目标设定得明确而具体时，它能够清晰地界定出教学过程中的重点与难点，为教师和学生提供一个明确的方向和路径。相反，如果数学教学目标不明确或设置不当，那么数学教学任务就会如同失去了灯塔的航船，迷失在茫茫大海之中，导致教学方向模糊、任务执行混乱。

因此，从促进数学教学任务明确与落实的角度来看，数学教学目标的重要性不言而喻。它要求教师在制定教学目标时，必须充分考虑学生的实际情况、课程标准的要求，以及教学资源的配置等多方面因素，确保目标的合理性和可行性。同时，教师还需要在教学过程中不断调整和优化教学目标，以适应学生的学习进展和反馈，从而确保数学教学任务能够顺利实现，为学生的数学学习和成长提供有力的支持。

3. 有效规约数学的教学过程

教师在规划与实施数学教学时，数学教学目标扮演着至关重要的指导角色。这一指导作用的体现，首先在于确保数学教学的整体方向紧密贴合既定的教学目标，确保教学活动的每一步都朝着既定的教育愿景迈进。其次，在选择数学教学方法时，教师需以教学目标为基准，考量何种方式能最有效地促进学生达成这些目标，从而确保教学方法的针对性和有效性。最后，数学教学过程并非孤立无序，而是受到教学目标的严格规约，确保每一个教学环节都服务于最终目标的实现。

基于此，为了确保数学教学的最终结果符合预期，并清晰展现教学过程中的每一步进展及其相互之间的逻辑关系，教师需要设定恰当的数学教学阶段目标。这些阶段目标不仅明确了学生在不同学习阶段应达成的具体成果，还揭示了这些成果之间的内在联系和递进关系。

4. 能够指引、激励教师的教与学生的学

在人生的旅途中，明确的目标如同灯塔，照亮前行的道路，指引着个人的努力方向。当目标与实际行动紧密相连时，它们能够激发出强大的内在动力，驱动个体不断前行。在数学教学的领域中，尽管教学目标的制定涉及多方主体，但一个科学合理的数学教学目标十分重要。

对于教师而言，一个恰当的数学教学目标不仅是其工作方向的指南针，更是激励其不断探索、勇于实践的源泉。它促使教师清晰地认识到自己的职责与使命，从而更加专注于提升教学质量，创新教学方法，以满足学生的学习需求。同时，这样的目标也激励着教师不断自我反思与成长，以更加饱满的热情和更加专业的态度投入教学工作中。

对于学生来说，一个明确的数学教学目标则是他们学习旅程中的灯塔。它不仅帮助学生设定了合理的学习目标，还激发了他们的学习兴趣和动机，使他们能够更加主动地参与到学习过程中来。在目标的引领下，学生能够更加清晰地认识到自己的学习需求与不足，从而制订出更加有针对性的学习计划，并在学习过程中不断调整与优化自己的学习策略。

5. 能够形成检验教学成果的标准

评估数学教学的成效，离不开一套严谨的标准体系，而数学教学目标在其中占据着举足轻重的地位。这一标准不仅衡量了教学活动的实际成果，更关键的是，它检验了数学教学是否成功地达成了预期设定的目标。换言之，数学教学目标如同一把尺子，量化了教学活动与学生发展之间的契合度，揭示了教学努力与实际成效之间的内在联系。因此，从检验教学成果的角度来看，数学教学目标发挥着至关重要的作用，它是衡量教学成效的一把关键标尺。

（三）数学教学目标的分类

为了使教学目标对教学起导向作用，有助于教师对某些学习行为的准确理解，高校有必要对教学目标进行分类，教学目标分类的理论很多，在国内比较流行的是将教学目标分成三个领域：认知领域、情感领域和动作技能领域。

1. 认知领域的目标

认知领域的目标根据学生掌握知识的深度，由低到高分为以下几个层次。

（1）知识

这一层次主要关注学生对信息的记忆能力，即能够回忆起学过的具体事实、定义、公式等。例如，学生能够准确背诵导数的定义或特定数学定理的表述。

（2）领会

领会超越了简单的记忆，要求学生能够把握所学材料的意义和内涵。这包括理解概念之间的关系、原理的适用范围等。

（3）运用

运用是将所学知识应用于新情境的能力。学生需要理解概念和原理，并能够将其灵活地运用到实际问题中。

（4）分析

分析要求学生能够将复杂的问题分解为简单的组成部分，并理解这些部分之间的关系。这需要对概念和原理有深入的理解，并能综合运用它们来解决问题。

（5）综合

综合是认知领域的较高层次，要求学生能够将多个部分或概念整合成一个新的整体，创造出新的、有意义的知识或解决方案。

（6）评价

评价是认知领域的最高层次，要求学生根据一定的准则和标准对所学材料或解决方案进行批判性思考和判断。

2. 情感领域的目标

（1）接受

情感的萌芽始于接受，这意味着学生需主动将注意力聚焦于特定的现象或刺激之上，如专心致志地聆听老师的讲授、深入阅读书籍内容，或是细致观察教学课件。从教育的视角出发，教师的核心任务之一便是激发学生并使其维持这种宝贵的注意力。这一过程不仅涉及引导学生从无意识状态过渡到对某一事物存在的初步感知，即简单注意，更在于培养学生形成更为高级的选择性注意能力。选择性注意，作为低层次向高层次文化价值过渡的桥梁，它要求学生能够在纷繁复杂的信息中，有意识地筛选、聚焦并深入探索那些对学习至关重要的内容。这样的学习结果，不仅促进了知识的有效吸收，更为学生情感与认知的全面发展奠定了坚实的基础。

（2）反应

反应层面标志着学生已不仅仅是被动地关注某一现象，而是积极主动地参与其中，以具体行动对之作出回应。在这一阶段，学生不仅注意到课堂讨论的话题、教师提出的问题，还会主动投身于小组讨论之中，积极发表自己的见解；他们不仅聆听讲解，还勇于举手回答问题，展现出对知识的渴望与探索的热情；同时，对于教师布置的作业，他们也会以认真负责的态度去完成，将所学知识应用于实践之中。这种反应层面的参与，实际上与人们常说的"兴趣"紧密相连，它驱动着学生根据自己的兴趣与需求，选择并投身于特定的学习活动之中，从而在实现个人价值的同时，也有助于技能水平的提高。

（3）评价

评价阶段，是学生将所学对象、现象或行为置于更为广阔的价值框架中进行审视的过程。在这一阶段，学生不再仅仅是对信息进行接收或反应，而是开始主动地将它们与既定的价值标准相联系，进行深入的评判与衡量。这一过程不仅要求学生能够理解和接受某种价值标准，更要能在多种价值标准中做出选择，形成个人的偏好，并愿意为所认同的价值标准付出努力。

学习结果在这一阶段呈现出显著的一致性和稳定性，表明学生内心的价值体系已经逐渐清晰并趋于成熟。他们能够根据自己的价值标准对事物进行客观评价，展现出独立思考与判断的能力。这种价值化的过程，与教师常言的"态度"和"欣赏"紧密相关，它反映了学生对待学习、生活乃至世界的积极态度和深刻欣赏，是促进学生全面发展的关键要素。

（4）组织

组织阶段是学生心智成长的重要里程碑，它标志着学生在面对纷繁复杂的价值观念时，能够主动地进行整合与构建。在这一阶段，学生不仅开始将各种价值观念视为一个相互关联的系统，还学会了如何对这些价值观进行比较、分析和评估，以确定它们之间的内在联系与相对重要性。这一过程促使学生深入反思自己的信仰、偏好与行为准则，进而筛选出那些对自己而言最为重要和有价值的观念。

随着组织的深入，学生逐渐形成了自己独特的价值观念体系，这一体系成为他们指导日常行为、做出决策的重要依据。例如，在面对同学求助时，学生会根据自己的价值观念体系来权衡给予帮助与完成个人任务之间的轻重缓急；在规划课余时间时，也会依据自己的价值观来安排学习与娱乐的先后顺序。这样的组织过程，不仅增强了学生的自我认知与自我管理能力，还为他们未来在更广阔的社会环境中做出明智选择奠定了坚实的基础。

（5）个性化

情感教育的至高境界是实现学生的个性化发展，这标志着内化的价值体系已深刻融入学生的性格，成为塑造其独特人生观与世界观的基石。在这一阶段，学生不仅深刻理解并认同了某一系列价值观，更将这些价值观内化于心、外化于行，使之成为自身性格中不可分割的一部分。

达到个性化境界的学生，其行为展现出高度的一致性和可预测性，这种稳定性源自他们内心坚定的信念与追求。无论是面对学习的挑战，还是处理人际关系的微妙，他们都能以一贯的良好学习习惯、谦虚谨慎的态度，以及乐于助人的精神来应对，展现出独特的个人魅力与风采。

3. 动作技能领域的目标

（1）直觉

直觉在这里并非单纯指依赖感官的直接感知，而是一种结合了即时观察与迅速理解的能力，用以指导后续的行动。以学生在课堂上的一个具体场景为例，当他们目睹老师在黑板上运用描点法绘制反比例函数图像时，这一过程不仅仅是视觉上的接收——看到老师列出坐标点、精准地描绘这些点，并最终将这些点连线成图；更重要的是，学生能够通过这种直观的教学方式，迅速捕捉到绘制反比例函数图像的关键步骤：即列表（确定函数值对应的坐标点）、描点（在坐标系中标出这些点），以及连线（将各点依次连接以形成平滑的曲线）。这一过程中，学生的直觉被激活，他们不仅看到了动作本身，更在脑海中快速构建了这一数学方法的逻辑框架，从而加深了对反比例函数图像绘制方法的理解和掌握。

（2）定向

定向是指个体为进行某项稳定的活动而进行的全面准备过程，这一过程涵盖了心理、生理及情绪等多个层面的预调整。具体而言，当学生观察到老师正在绘制函数图像时，他们的心理定向被触发，即内心产生了模仿与参与的意愿，自然而然地萌生了自己也想动手绘制函数图像的想法。同时，生理定向也在悄然进行，学生可能会不自觉地调整坐姿、集中视线，甚至轻微地移动手臂和手指，为即将进行的绘画动作做好身体准备。此外，情绪准备也是定向过程中不可或缺的一环，学生可能会感到兴奋、好奇或期待，这些积极的情绪状态为他们的学习行为注入了动力。

（3）有指导的反应

有指导的反应是复杂动作技能学习旅程的初步阶段，它强调了在学习新技能时，学生的主动尝试与教师的适时指导之间的紧密结合。在这一阶段，学生在导师的引领下，逐步探索并掌握新的技能。以学习绘制反比例函数图像为例，学生在老师的悉心指导下，开始系统地学习整个流程：从列出函数在不同点上的坐标值开始，到在坐标轴上精确地标出这些点，最后再将各点用平滑的曲线连接起来，以形成完整的图像。整个过程中，学生不仅模仿老师的示范动作，还通过不断的尝试与自我纠正，即尝试错误的方式，来加深对技能的理解和掌握。

（4）机械学习

机械学习是技能掌握过程中的一个重要阶段，它标志着学生的行为已经从有意识的努力转变为无意识的、自动化的习惯。在这个阶段，学生已经能够以一种熟练且自信的态度完成特定的动作或任务，而无须再过多地依赖外部的指导或内心的刻意控制。以反比例函数图像的绘制为例，当学生达到机械学习的层次时，他们能够独立完成从列表、描点到连线的整个流程，绘制出准确且规范的图像。这一过程中，学生的反应迅速而准确，仿佛是一种本能般的操作，充分体现了技能掌握的娴熟与自如。

（5）复杂的外显反应

复杂的外显反应是指学生在掌握一系列复杂动作模式后，所展现出的高度熟练且流畅的操作技能。这种熟练性不仅体现在速度上——学生能够迅速而敏捷地完成一系列动作，如迅速描出反比例函数图像上的关键特殊点；更在于其精确性——每一个动作都准确无误，确保了最终图像的精准性；同时，这种操作还伴随着一种轻松自如的感觉，仿佛这些复杂的动作已经成为学生身体的一部分。在绘制反比例函数图像的过程中，学生能够准确无误地把握函数的基本性质，如单调性、对称性，以及渐近线等特征，展现出对函数图像的深刻理解与高超的绘图技能。

（6）适应

适应是技能发展至高级阶段的显著标志，它体现了学生在面对不同工具条件或具体情境变化时，能够灵活调整并优化自己的动作模式，以确保任务的顺利完成。在数学学习领域，当学生达到适应阶段时，他们已经能够熟练地根据给定的反比例函数及其相应的绘图工具，绘制出准确无误的函数图像。这一过程不仅要求学生具备扎实的数学基础知识和绘图技能，更需要他们具备高度的灵活性和较强的应变能力，能够根据具体的函数形式和绘图条件，迅速调整自己的绘图策略和动作模式，以确保图像的准确性和美观性。这种适应性的培养，不仅有助于学生在数学学习中取得更好的成绩，更能为他们未来的学习和生活奠定坚实的基础。

（7）创新

创新是技能发展达到巅峰状态的标志，它不仅仅是对现有动作模式的简单复制或调整，而是能够创造出全新的、适应特定情境需求的动作模式。这一过程深深植根于高度发展的技能基础之上，是学生在掌握并精通一系列技能后，所展现出的独特创造力和想象力。在数学学习的情境中，创新意味着学生能够根据给定的反比例函数或其他复杂数学问题，不仅限于传统的解题方法或绘图模式，而是能够创造性地提出新的解题思路、设计新的绘图策略，以更加高效、直观或独特的方式解决问题。

（四）数学教学目标的设计

数学教学作为一项旨在促进学生全面发展的核心活动，其有效性高度依赖于教学的系统规划与精心设计。教学设计作为这一过程的基石，其核心任务在于绘制既具前瞻性又具操作性的教学蓝图。而数学教学目标的设计，则是这一蓝图中的首要环节。它不仅是数学教学目标意识的集中体现，更是教学设计者教育理念与教学策略的明确表达，为后续的教学设计流程指明了方向。

1. 数学教学目标设计的特点

（1）价值取向多元化

数学教师在确立教学目标的过程中，实际上是将个人的教育价值观具体融入数学教学设计的每一环节。不同的价值取向如同多棱镜，折射出教学目标的多元面貌："行为主义"倾向以"刺激－反应"为基石，侧重于行为的预见与控制，却可能忽视了学生内在心理世界的丰富性；"认知主义"则聚焦于学习者心智结构的构建与重构，强调智力培养的重要性，但或许未能充分关照学生的情感与态度层面；"人本主义"则倡导全面关怀，不仅重视行为变化，更将情感、态度与价值观的发展置于核心，其教学目标设计灵活而开放，鼓励学生在经验中的自我发现，却也可能面临目标模糊的挑战；"建构主义"则另辟蹊径，主张知识是学生主动建构的结果，强调情境、合作与意义建构，为教学目标设计提供了诸如交互式教学、支架式教学等创新视角，鼓励学生成为学习的主体。

鉴于传统教学目标设计往往侧重于教师行为与过程的描述，而忽视了学习行为的本质与结果，现代数学教师正积极采纳多元化的价值取向，力求在一节课的教学目标中融合知识技能的掌握与情感态度的培养，生成随教学进程不断演化的目标体系。这种设计不仅关注教学结果的达成，更将目光投向学生的成长与变化，确保教学目标不仅映射教师的教学策略，更深深植根于学生的学习体验与收获之中，真正实现了从"教师的教"向"学生的学"的深刻转变。

（2）设计主体发生转变

在新中国成立初期，国家通过制定统一的数学教学规划、教学大纲及教科书等为数学教学构建了一套标准化的框架，为数学教师提供了详尽到每节课的教学设计蓝本。然而，这一模式下，教师更多地扮演着专家设计成果的"执行者"角色，他们的任务似乎仅限于对既定设计的微调与实施，而非真正的创造者。尽管数学教师身处教学一线，直接负责课堂教学与目标达成，但在教学目标的设计环节中，他们并非核心参与者，而是被边缘化为教学参考书编写者的间接执行者。这些编写者往往遵循数学教育学的严谨逻辑，从宏观的教育目标体系出发来设定教学目标，却可能因缺乏对学生即时学习需求与课堂动态变化的直接感知，而导致教学目标与实际教学需求之间存在一定的脱节。因此，这种将教学目标设计的主导权过度集中于参考书编写者的做法，被认为是不够合理且有待改进的，因为它限制了教师在教学设计中的主动性和创新性，未能充分适应学生多样化和个性化的学习需求。

2. 数学教学目标设计的依据

（1）数学课程标准

在设计数学教学目标的过程中，数学课程标准是教师不可或缺的根本指南。回顾历史，从新中国成立至20世纪末，不少数学教师在设定教学目标时，或过度依赖个人经验，或简单地采取"拿来主义"，直接套用参考书或现成教案，导致所制定的目标往往既笼统又繁复，既难以精准对接学生的实际学习需求，也阻碍了教学效果的优化与教师自身专业成长的步伐。随着第八次基础教育课程改革的深入推进，一个鲜明的导向被明确提出：教学目标的设计必须紧密围绕数学课程标准这一核心基准展开。这意味着，教师应当深入研读并深刻理解课程标准的精神实质，将其精髓融入教学目标的每一个细节，确保教学目标既符合学科发展的内在逻辑，又能够精准指导教学实践，促进教学质量的提升与教师专业能力的飞跃。

（2）数学教材

在设计数学教学目标时，数学教材无疑占据了举足轻重的地位，无论是沿袭传统课程脉络还是拥抱新课程理念，对教材的深入剖析都是构筑有效教学大厦的基石。教材不仅是传授数学知识与思想方法的载体，更是引领学生在数学实践探索中磨砺学习能力、培育科学精神与人文素养的宝贵资源。数学学科的独特之处在于，其教材内容与教学目标之间存在着紧密的对应关系，为教师明确教学重难点、界定学生应掌握的核心知识与技能、规划能力训练的具体内容。

进一步而言，数学教材作为保障数学教育质量的关键要素，其内容的丰富性、结构的合理性，以及与教学目标的契合度，直接影响到教学活动的有效性与学生发展的全面性。

（3）学情

在设计数学教学目标时，学情分析是不可或缺的关键环节，它要求教师深入洞察学习者的个体差异，以确保教学目标的适切性与有效性。这种分析需涵盖学生既有的知识水平、心理发展阶段及成熟状态，同时不可忽视学生的个人特质，如态度、兴趣、爱好及学习倾向等，这些个人特质对于激发学习动力、优化学习体验至关重要。若教学目标设定过高，则可能令学生望而生畏，丧失信心；若教学目标设定过低，则难以激发学生潜能，限制其成长。

在此过程中，教师应着重把握全班学生的普遍学习准备状态与共同心理特征，这是确定整体教学目标的重要参考。同时，为了促进每位学生的个性化发展，教学目标的设计还需细致考量学生的个性差异，分层设定发展目标，确保每位学生都能在适合自己的层次上获得成长与进步。通过这样全面而细致的学情分析，教师能够制定出既符合班级整体需求，又能兼顾个体差异的教学目标，从而最大限度地提升教学效果，促进全体学生的全面发展。

（五）数学教学目标的实现

1. 数学教学目标在教学设计中的实现

在进行数学教学设计时，教学目标的设定构成了整个设计流程的基石，它不仅指引着教学活动的方向，还深刻影响着教学进程的每一步骤。作为教学设计的逻辑起点，数学教学目标不仅界定了教学活动的终极追求，还直接关联到教学方法与策略的选择、教学内容的编排与组织、教学媒介的恰当运用，以及教学效果的科学评估，是确保数学课程目标得以实现的关键纽带。

在此背景下，教学策略与教学方法的遴选成了教学设计中的重要环节，它们均紧密围绕着如何高效达成教学目标这一核心任务展开。教学策略，作为特定教学情境中为达成目标而精心策划的行动指南，需充分考量学生的认知特点与需求；而教学方法，则是师生在共同追求教学目标过程中，通过互动合作所展现出的教学艺术与实践智慧的总和。两者相辅相成，共同服务于教学目标的实现，其选择必然受到教学目标层次与特性的深刻影响。

具体而言，当教学目标侧重于知识的扎实掌握或学习成果的明确达成时，基于意义的接受教学策略及讲授法往往成为首选，它们能够高效传递核心信息，帮助学生快速构建知识体系。若目标转向技能的培养与提升，则程序式教学策略及以练习、实践为主导的方法更为适宜，它们通过循序渐进的训练，促进学生技能的内化与熟练。而当教学目标聚焦于探索精神的激发或情感价值的培育时，问题探究教学策略及发现法、任务驱动法等则能发挥独特优势，引导学生在解决问题的过程中体验知识探索的乐趣，促进情感与认知的同步发展。这一系列灵活多样的教学策略与方法，正是基于对不同教学目标深刻理解与精准把握的结果。

2. 数学教学目标在课堂教学中的实现

数学教学目标的设定，作为教学活动启动前的关键步骤，是教师在深入数学情境之前对教学成果的主观预见，它根植于教师对教学目的与效果的深切期望之中。数学教学作为一项系统性工程，其有序进行离不开明确的目标导向与周密的规划。然而，鉴于教学目标设计本质上是一种情境之外的预设行为，它难以全面预见实际教学中瞬息万变的复杂情境，从而不可避免地存在一定的"估计偏差"。

当数学教学实践展开，教师作为情境的敏锐观察者，需持续监控并灵活应对课堂上的各种突发教学事件。面对预设目标之外的新情境，教师应凭借其专业敏感性与智慧，即时捕捉并有效利用课堂动态资源，动态调整并生成新的、更具针对性的教学目标。这一过程不仅丰富了教学目标的内涵，还促进了教学效果的超越与提升，展现了教学目标实现的动态生成特性。

随着数学课程改革的深化，人们愈发认识到预设教学目标虽必要，却难以完全适应课堂教学的实际需求。因此，"预设与生成并重"的理念逐渐成为共识，强调教学目标的达成是一个既需预设框架引领，又需动态生成补充的复杂过程。特别是鉴于数学教学实践的不确定性，预设目标必须保持开放性，随时准备吸纳师生互动中涌现的鲜活经验，以支持教学目标的动态实现。这一过程深刻揭示了教学目标的本质属性——生成性，它不仅是预设目标的自然延伸，更是教学智慧与创造力的集中展现。

二、数学教学的任务

（一）数学教学任务的含义

教育的终极追求在于促进学生德、智、体、美、劳的全面发展，而教学任务则是这一目标在具体教学实践中的细化体现，它立足于学科特性，明确了通过教学活动应达成的具体成效与需解决的问题。在数学的语境下，数学教学任务特指通过精心设计的数学教学活动旨在实现的目的，这些目的紧密契合国家对年轻一代的整体教育规划，既服务于教育目的，又是其不可或缺的一部分。

数学教学任务不仅扮演着引导学生聚焦于特定数学内容的角色，而且影响着学生的思维方式、认知发展、知识理解及数学应用能力。在着手实施数学教学活动之前，应对教学任务进行深入细致的分析，是一项至关重要的前置工作。这一过程不仅有助于精准把握教学目标中预设的学生应具备的能力与素养，还能为创设适宜的教学环境、规划合理的教学流程提供坚实依据，从而确保教学活动能够高效、有序推进，最终实现学生数学素养的全面提升。

（二）数学教学任务的制定

教师在制定数学教学任务时，需要充分考虑到以下几个方面的因素。

1. 学生原有的数学基础

在新课开启之际，学生既有的学习习惯、策略及相关的知识技能储备，犹如航海图上的坐标，对即将展开的学习旅程之成败具有导向作用。为了精准把握学生的起点能力，即他们现有的数学根基，教师可采取多元化的评估手段，包括但不限于作业分析、即时小测验，以及课堂互动中对学生反应的敏锐观察，这些都能有效揭示学生的知识背景与掌握程度。此外，当一教学单元圆满落幕，通过针对性的单元测验与教学目标相对照，不仅是对学生学习成效的检验，也是对教师教学效果的反馈。

遵循"掌握学习"的核心理念，我们强调每个教学单元必须达成至少85%的教学目标，方视为合格，方可稳步迈进至下一阶段的学习。值得注意的是，教学单元之间的衔接往往紧密而微妙，一个单元核心目标的实现，往往铺就了通往下一个学习单元的道路。因此，在教学设计的蓝图上，对教学目标达成度的精准测量与诊断不可或缺，它如同航海中的灯塔，指引着教学航向，确保每一步都坚实地迈向既定的教育目标。

2. 使能目标

在从基础能力向最终目标迈进的征途中，学生需跨越诸多知识与技能的鸿沟，这些尚未掌握却至关重要的元素，我们称之为子技能。它们如同阶梯，每一级的稳固攀登都指向实现更高级别目标的能力，这些阶段性目标则被称为使能目标。显然，从起点至终点的知识与技能旅程愈长，所需的使能目标也就愈多。

以一项具体任务为例：要求学生能够准确比较任意两条线段的长短。为实现这一终极目标，学生必须先逐一攻克几道难关：首先，需深刻理解"两点之间，线段最短"这一基本几何规则；其次，掌握"两点间线段的长度定义为这两点之间的距离"这一概念；再次，学会运用圆规这一工具，按照"圆规张开的两脚间的距离即所需线段长度"的原则作图；最后，还必须掌握线段比较的具体方法，即将两条线段置于同一直线上，确保起点相同且终点位于起点的同侧，从而直观比较其长度。这一系列子技能与使能目标的逐一达成，共同铺就了通往最终目标——准确比较线段长短的坚实道路。

3. 支持性条件

在制定教学任务时，确保教学活动得以顺利推进的支撑性条件同样至关重要。这些条件主要涵盖两大方面：首先，是学生的学习动机与注意力的激发。一个高效的学习过程离不开学生高度的唤醒状态与集中的注意力，它们如同催化剂，能够加速新知识、新技能的吸收与内化，促进学生新能力的快速形成。其次，学生的认知策略也是支撑要素。当学生能够深刻理解几何中的基本原理，如两点之间线段最短，并能用唯一最短距离来定义两点间的距离，乃至掌握圆规使用时两脚间距与线段长度的对应关系，这些认知策略便构成了他们学习新知识的基石，有效促进了新能力的习得与巩固。

（三）数学教学的主要任务

1. 让学生在数学教学活动中学习数学知识

深刻理解并准确把握数学教学中知识传授的核心地位，是教育者不可回避的重要使命之一。学生对数学的热爱或畏惧，往往根植于他们对这门学科最本真、最直接的感受之中。因此，重新审视并优化数学知识教学的方式方法，对于激发学生的正面情感并促进他们在心理上做好充分准备，具有不可估量的价值。

鉴于数学与生活之间的天然联系——数学源自生活，又服务于生活，教师在传授数学知识时，应力求将抽象的数学概念与生动的现实生活情境相融合，拉近数学与学生经验的距离，以此点燃学生对数学的热情之火。同时，教学设计的智慧体现在对知识结构的精心编排上，遵循由简至繁、由易到难的逻辑顺序，逐步引导学生深入数学的殿堂，从基础概念、基本法则的掌握，自然过渡到复杂问题的实质性计算，让学习过程成为一场愉悦的探索之旅。

在此过程中，教师还需灵活运用多种教学方法与直观教学手段，如实物演示、图形辅助等，不仅有助于加深学生对数学知识的直观理解，更为后续学习任务的顺利开展奠定坚实的基础，确保学生在数学的世界里稳步前行。

2. 培养学生的数学技能

在规划数学教学任务时，强化学生的数学技能培养占据着举足轻重的地位。这些技能不仅构成了学生数学素养的基石，更是他们未来学习与生活中不可或缺的利器。具体而言，数学技能的培养涵盖以下几个关键维度：

首先，计算能力是基础中的基础，它是学生数学能力的基石。教师需将此置于首要位置，通过系统的训练与策略指导，确保每位学生都能熟练掌握并运用这一基本技能。

其次，逻辑思维能力则是数学能力的核心，它不仅是衡量个体智力水平的重要指标，也是解决复杂数学问题、探索数学奥秘的关键钥匙。在应用题与计算题的教学中，教师应尤为注重这一能力的培养，通过设计富有挑战性的题目，引导学生学会逻辑推理，培养严谨的思维习惯。

最后，空间想象能力与观察能力作为数学技能的进阶要求，对于促进学生全面发展具有重要意义。这些能力不仅在数学领域内发挥着重要作用，更在学生未来的科学探索、艺术创作等多方面展现出其价值。然而，由于这些能力相对抽象且难以直接教授，因此其成为数学教学中最具挑战性的部分。教师需要运用多样化的教学手段，如实物模型、多媒体演示等，帮助学生构建空间观念，提升观察与分析能力，逐步攻克这一难关。

3. 结合数学教学内容，对学生进行思想品德教育

德育，作为教育体系中的灵魂，在新课程标准的引领下，其得到了人们前所未有的重视，旨在全方位促进人的全面发展。这一目标深刻体现在培养学生的爱国主义情感、集体主义精神、社会主义信念及民主意识上，同时强调遵法守德，树立正确的三观，激励学生以社会主义事业为己任，致力于为人民服务，成长为新时代的"四有"青年。

数学，作为基础学科领域的璀璨明珠，虽以抽象的空间形式与数量关系为研究核心，看似远离直观的情感教育，实则蕴含深厚的德育价值，等待教师去发掘。面对数学学科的这一特性，有效开展德育工作无疑是一项挑战，要求教师不断精进，深入研究，以匠心独运的教学方法，将德育润物细无声地融入数学教学。

具体而言，教师可从三方面入手：一是依托我国数学悠久的历史与辉煌的成就，讲述数学史的里程碑事件与杰出人物，激发学生的民族自豪感与爱国热情，让历史的光芒照亮学生的心灵；二是利用著名数学家的奋斗历程与卓越贡献作为生动教材，树立学习榜样，点燃学生内心的学习热情与远大理想，让榜样的力量引领学生前行；三是深入挖掘数学内在的哲学思想，展现数学中的矛盾统一、运动发展等辩证唯物主义观点，引导学生理解并体验绝对与相对、现象与本质等深刻哲理，从而培养其科学的思维方式与世界观，让数学的理性之光照亮学生的精神世界。

第二节　当代数学教学改革与发展

一、大学数学课程建设和改革的启示

（一）把提高大学数学教学质量与培养人才作为改革的根本目标和主攻方向

大学数学，作为高等教育体系中的基础课程，承载着提升教育质量、培育具备创新思维的高素质人才的关键使命。然而，审视当前现状，不难发现我国数学课程领域仍面临诸多挑战。一个显著问题在于，部分教师与学生的关注点过于局限，仅聚焦于数学知识的传授与习得，而忽视了深藏于数学逻辑与概念背后的思维方法与思想精髓的挖掘。这种倾向不仅限制了学生对数学本质理解的深度与广度，也阻碍了其数学素养与问题解决能力的全面发展。

更为严峻的是，传统教学模式的桎梏尚未被完全打破。灌输式、保姆式及应试导向的教学方法依旧盛行，它们未能有效激发学生的主动学习热情，抑制了学生独立思考与探索能力的培养。这种教学模式的长期存在，是导致教学质量提升缓慢甚至出现下滑趋势的重要原因之一。因此，要从根本上扭转这一局面，就必须深刻反思并革新现有的数学教学理念与实践，探索更加高效、开放、富有启发性的教学策略，以促进学生数学思维的深度发展，全面提升数学教育的质量与成效。

（二）把教学方法改革作为教学改革的一个切入点和突破口

在持续推进的教学革新征途中，广大数学教师已普遍意识到，教学方法的革新虽为核心议题，却绝非孤立存在，它深刻触及教学观念的革新、教学内容的深化拓展、教师队伍的专业成长乃至整个教学模式与教学管理体系的全面转型。尤为紧迫的是，若当前大学数学领域仍固守传统灌输、保姆式辅导及应试导向的教学模式，无疑将严重掣肘数学教育的深刻变革，阻碍教学质量的飞跃与创新人才的培养。因此，将这一领域的改革作为大学课程改革的先锋与突破口，汇聚优势资源，加大改革力度，实现多方协同作战，显得尤为必要。

改革的深入实施需高层领导的积极参与与高效协调，同时组建一支勇于担当、擅长攻坚克难的高素质教师队伍。在先进教育理念的引领下，我们应将教学方法的革新与课程内容的深度整合并行推进，不仅聚焦于教学手段的革新，更要联动教学模式的转型，促进教师从被动传授向引导探究的角色转变。通过强化教师培训与自主学习，鼓励课堂互动与讨论，激发学生的主体能动性，其在知识探索中主动构建认知体系，提升其发现问题、解决问题的能力及创新思维品质。

此外，还需深入探讨评估体系的优化路径，创新评估内容与方式，确保评价机制既能准确反映学生真实水平，又能有效引导其全面发展。尤为关键的是，我们要将教学方法的改革与分层分类教学策略紧密结合，探索并实施多元化、差异化的教学模式，以满足不同学生的个性化学习需求，促进每位学生的潜能最大化释放。这一系列举措的实施，将共同推动大学数学教学迈向新纪元。

（三）进一步加强数学应用能力的培养

近年来，我们在激发学生数学学习热情、培育其数学应用能力与创新思维方面取得了显著成效，具体举措包括成功引入数学实验、数学建模课程及举办数学建模竞赛等创新实践。展望未来，我们应当深化经验总结，拓宽服务边界，细致审视现有体系中存在的问题与不足，并致力于持续改进与优化，但当前教育领域内学校间的发展不均衡现象仍亟待解决。为此，我们必须勇于探索，优化师生互动模式，打破教学内容同质化的桎梏，推动课程教学的标准化与特色化并进。尤为重要的是，我们需深化对数学建模思想与方法在大学数学核心课程中的融合研究，以期在更广泛的学术领域内播撒创新思维的种子，促进数学教育质量的全面提升。

（四）大力提高教材质量

在推动多元化教学需求的背景下，我们致力于构建一个丰富多样、层次分明的数学教材体系，同时致力于精品战略的实施，力求让每一本优秀教材都经得起时间考验。过去十余年，中央、地方及高校出版社虽已发行大量数学教材与教辅资料，其中不乏精彩纷呈的教学内容，但同质化现象普遍，缺乏针对不同教育层次、教学风格及具体需求的个性化教材。

展望未来，我们应将重心聚焦于教学研究与改革实践的深度融合，汇聚力量，精心编纂并推出一批具有前瞻视野与引领作用的高质量教材，以填补市场空白，满足多样化的教学需求。这包括针对普通高校量身定制、易于理解与实践的优质教科书；深入浅出介绍数学建模思路与方法的创新教材；巧妙融合现代计算机技术，增强学习互动体验的数字教材；深入探讨数学本质思想，培养学生自主学习能力的特色读本。此外，我们还应开发面向顶尖学子的高阶参考资料，助力其深入探索学术前沿。

认识到教材作为课程核心载体的重要性后，我们深知其结构设计直接关联到教学大纲的实施效果，优秀的教材不仅是知识的载体，更是启迪智慧、塑造未来的关键。历经半个多世纪的课程改革与发展，当前应将数学教材的建设与革新置于更加突出的位置，通过制定有效政策，积极鼓励与支持优质教材的编写工作。同时，从浩瀚的优秀教材海洋中精心选出经典之作，组织专业团队进行深度打磨与升级，力求每一本教材都能尽善尽美，不仅成为当代学子的宝贵资源，更能跨越时代，成为影响深远的教育遗产。

（五）建设高水平高素质的大学数学教师队伍

教师队伍的专业化成长是提升教学质量、孕育创新人才的基石。为此，教育部、地方教育行政机构及高等院校需将重心聚焦于强化教学人员的专业素养，深化师资队伍建设，通过制定全面而前瞻性的规划，系统性地开放多样化的教师培训课程，旨在提升教师的教学技艺与专业能力，促进其专业水平的飞跃。

同时，为切实执行高等教育相关政策中关于"完善教师分类管理"的指导精神，特别是针对基础课教师的重点考核要求，必须采取有力措施，确保这些政策落到实处。这包括提升教师，尤其是基础课教师的薪酬待遇，增强他们的职业荣誉感与责任感，让教育事业成为令人向往、充满希望的职业道路，从而吸引并留住更多优秀人才。

此外，鉴于当前需求，应迅速吸纳一批具备高素质、高能力、高水平的大学数学教师加入队伍，构建科学合理的教师流动机制，促进教师资源的优化配置。同时，加强大学数学课程优秀教学团队的培育与建设力度，确保这些团队能够肩负起课程创新与改革的重任，引领数学教育事业不断向前发展。

（六）利用网络化技术，研制数字化课程，实现大学数学网络在线教学

在信息时代的大潮中，大学数学课程的在线网络教学不仅是技术进步的必然产物，也是对传统教学模式的一次深刻变革，它重塑了知识传授的路径、学生学习的方式，以及教学的整体形态，对既有教育理念构成了挑战，预示着教育新时代的到来。然而，当前教师对这一转型的认知尚浅，实践经验匮乏，疑虑与问题并存，加之已上线的数学资源共享课程质量参差不齐，凸显了深化研究与探索的紧迫性。

鉴于此，相关部门及领导层应持续推动教师在这一领域的深入研讨，提升他们对在线教学改革重要性与必要性的认识，结合我国高等教育实际，明确大学数学课程网络在线教学的指导思想，科学规划发展路径与实施方案。这一过程中，不仅要致力于高质量网络在线课程教学资源的开发与研制，还应积极组织高校利用现有资源开展试点实验，通过实践检验与反馈，不断优化在线教学模式与方法，探索在线课程与传统课堂的有机融合之道。

我们应鼓励并实践讨论式、研究式等互动式教学方法，以及"翻转课堂"等创新教学模式，以此激发学生主动性，促进深度学习。这些尝试不仅能为全面推广在线教学积累宝贵经验，也为未来教育教学的全面数字化转型奠定坚实基础。在此过程中，需保持决策的连贯性，避免重复建设，减少试错成本，同时充分尊重并保护教师的探索热情与积极性，共同推动大学数学教育的现代化进程。

二、大学数学教学改革策略

（一）大学数学教学改革的目标定位

"面向现代化，面向世界，面向未来"不仅是引领中国教育变革与发展的鲜明旗帜，也是我们行动的指南针，深刻指引着素质教育的深入实施。素质教育，作为新时期党和国家教育方针的具体实践，旨在促进学生德智体美劳全面发展，其核心在于培养学生成为全面发展的人，掌握做人、求知、劳动、创造、生活及健体的综合能力。其中，"学会求知"与"学会创造"尤为关键，它们不仅要求学生掌握既有的书本知识，更强调自我知识体系的构建、知识的灵活运用及持续的创新能力培养。

大学教育，作为奠定终身教育基石的关键阶段，应积极响应素质教育的号召，将重心从传统的工具性数学教学转向以培育学生创新素质为核心的目标导向，为学生未来多元化的专业发展奠定坚实基础。大学数学体系的革新，包括微积分、线性代数、概率论与数理统计等核心课程，迫切需要教育思想的根本性转变，从学科中心、继承中心、智力发展中心的传统模式，迈向以育人为本、创新为魂、智力和非智力素质并重、做人做事融为一体的新型教育理念。

高校数学教育改革旨在实现教育目标与社会需求的精准对接，促进学生全面发展与个性成长的和谐统一，同时紧密结合学校特色、教学内容与制度框架，形成具有高

度整合性的指导思想与原则。通过数学教学的系统深化，激发学生的数学悟性，挖掘其处理数学规律、逻辑关系及抽象模式的潜能，进而促进智力开发与创造力的飞跃，为培养适应未来社会需求的创新型人才贡献力量。

（二）大学数学教学改革的具体措施

鉴于目前高等数学教育的现状，数学课程的教学内容、教学手段和教学方法需要全面而深入地改革和创新。具体措施如下：

1. 根据时代要求和各学科特点，合理统纂教材，及时更新授课内容

教材单一化与教学内容陈旧的问题，根源之一在于大学数学教师对学生所学专业领域的相对陌生。为打破这一瓶颈，促进因材施教的有效实施，各院系与数学教师队伍之间的深度交流与合作显得尤为关键。双方应携手制订贴合专业特色的数学教学计划，或依据实际需求共同编纂教材，确保教学内容既保持数学体系的严谨性，又融入专业相关的实际应用案例，从而增强教学的针对性和实用性。

为实现这一目标，高校应创新管理机制，鼓励数学教师长期负责特定专业的公共数学课，使教师能够在持续的教学实践中逐步深入了解该专业的知识体系与实践需求，不断积累丰富而生动的教学素材。同时，倡导教师走出课堂，主动参与学科实践活动，亲身体验专业领域的挑战与机遇，将数学理论与专业实践紧密融合，形成理论与实践相互促进的良性循环。通过这样的模式，不仅能有效丰富数学教学内容，提升教学质量，还能激发学生的学习兴趣与探索欲，为其未来的专业学习与职业发展奠定坚实的基础。

2. 传统教学模式与网络教学相结合，提高教学效率

传统教学模式根植于"教师中心论"，以其鲜明的现场感著称，确保每位学习者都能沉浸于集体学习的氛围之中，便于教师即时捕捉学情，灵活调整教学策略。然而，其局限性亦不容忽视，如倾向于知识灌输、个性化教学实施难度大、创新人才培养乏力等。随着信息技术的突飞猛进，网络课堂作为新兴教学模式应运而生，它依托于现代网络信息技术，强调学生在学习过程中的主体性与积极性，课程设计聚焦于"自主学习策略"与"优化学习环境"，旨在促进学生学习技能的发展，让学习成为一种享受。在网络课堂上，师生角色得以重塑，教师由传授者转变为引导者与促进者，学生则成为认知的主体与知识意义的主动建构者，实现了真正意义上的教学相长，为创新型人才的培养提供了沃土。

相较于传统课堂的被动接受模式，网络课堂赋予了学生更多主动探索的空间，但并不意味着对传统教学的全面否定。实际上，两者各有千秋：传统课堂擅长营造集体学习氛围，而网络课堂则在个性化教学与主动学习方面展现出独特优势。因此，理想的路径是将二者有机融合，取长补短，构建一种新型网络课堂教学模式。这种模式将继承传统课堂的现场互动优势，同时融入网络课堂的个性化与自主性特点，形成既注重集体学习氛围又鼓励学生主动探索、创新发展的教学环境，从而全面提升教学质量，促进学生全面发展。

3. 调动学生的学习主动性，改革教学方法

首先，我们保留了传统黑板教学的精髓，同时巧妙融入多媒体技术，利用其图文并茂的优势，直观展现复杂的数学图形与图像，为学生营造出一个既严谨又活泼的学习环境，激发他们的学习热情，使之由"要我学"转变为"我要学"。

其次，我们创新性地开设了数学实验课程，鼓励学生亲手操作数学软件，参与趣味横生的数学实验。这一举措不仅强化了学生在计算能力、几何直观与逻辑思维方面的训练，更着重培育了他们的创新潜能与数学应用意识，标志着数学教学向实践与应用导向的深刻转型，顺应了教育改革的时代潮流。

最后，为了增强课堂的吸引力和互动性，我们精心设计了融合历史故事的课程内容。例如，在概率统计教学中穿插赌博与概率论的渊源，或是揭秘正态分布的命名趣闻，这些生动的故事不仅打破了数学理论的枯燥壁垒，还以趣味性的方式引导学生深入探索数学背后的文化脉络，有效集中了学生的注意力，激发了他们对课程内容的浓厚兴趣。

4. 教师以身作则，培育学生的数学思维能力

强化大学数学教育中的数学思维训练，对于锻造学生解决现实问题的能力具有不可估量的价值。传统数学课程往往偏重于理论知识的灌输，却忽视了数学思想方法的启迪，加之单一的评价体系导致"高分低能"现象频发。为扭转这一局面，教师亟须摒弃陈旧的教学理念，积极研习并传授数学思想方法，将其视为数学教育改革的核心要素之一。数学思维的培养，不仅是深化素质教育的关键一环，更是激发学生理想追求、塑造积极学习态度的重要途径，它为学生运用数学思维探索未知、攻克难题提供了强大的内在驱动力，对于培育创新思维及跨学科应用能力尤为重要。

因此，推进大学数学教育改革，致力于创新型人才培养，已成为当前高等教育领域的一项紧迫且重大的使命。各高校应围绕教材内容的革新、教学方法与手段的现代化展开积极探索，致力于打造大学数学精品课程，全面提升教学质量。这一系列举措旨在构建一个既严谨又灵活、既注重知识传授又强调思维启迪的数学教育体系，为培养具有创新精神与实践能力的复合型人才奠定坚实基础。

第三节　现代教育思想与高校数学教学

一、现代教育思想的含义

教育，作为人类社会独有的、旨在有目的性地塑造个体的实践活动，其深远意义在于追求教育目标的达成与教育理想的实现。为了更精准地对接教育的本质要求，并遵循教育的内在规律，人类持续对教育现象进行细致入微的观察、深刻的反思与系统的分析，这一系列认知活动促成了教育思想的诞生与发展。广义而言，教育思想涵盖了人们对教育现象所有层面的理解与见解，无论这些见解是零散的、个别体验式的、

表面化的，还是已经整合成体系、具有普遍指导意义且洞察深刻的，均构成了教育思想广博的疆域。而狭义的教育思想，则特指那些经过深思熟虑、理论升华的教育认识，它们不仅体现了思维的深邃与抽象概括的高度，还展现了逻辑上的严谨与系统，以及广泛适用于现实教育情境的普遍性，是教育理论探索与实践指导的精髓。

（一）关于教育思想的一般理解

1. 教育思想具有与人们的教育活动相联系的现实性和实践性特征

普遍观念中，教育思想常被误认为是抽象晦涩、遥不可及的存在，似乎与教育实践、日常生活及现实情境格格不入。然而，这一认知实则忽略了教育思想与教育实践之间不可分割的紧密联系。教育思想非但不是实践的旁观者，而是深深根植于教育实践活动的土壤之中，应教育实践的呼唤而生，为其发展提供智力支撑。具体而言，这种联系体现在多个维度：首先，教育实践是教育思想的源泉，只有当教育实践面临特定挑战，催生了对新思想的需求时，相关教育思想才会应运而生并逐步传播、发展；其次，教育实践构成了教育思想的核心研究对象，教育思想通过反思实践过程、揭示其内在规律，为实践提供理论指导；再者，教育实践是推动教育思想不断演进的动力源泉，历史上每一次教育思想的革新与转型，无一不是教育实践深刻变革的直接产物；此外，教育实践还是检验教育思想真理性的唯一标准，任何教育理论的正确与否，最终都要接受实践的严格检验；最后，教育实践明确了教育思想的目标与方向，教育思想的存在与发展，正是为了回应实践中的具体问题与挑战，促进教育实践的优化与升级。

2. 教育思想具有超越日常经验的抽象概括性和理论普遍性的特征

教育思想在广义范畴内广泛囊括了教育实践中累积的各类经验、感悟、观念及体会，但在狭义层面，它特指那些经过深度理论提炼，具备高度抽象概括性与广泛社会适用性的教育认知。本书聚焦于狭义教育思想的探讨，旨在剖析并提炼其精髓。

教育经验，作为教育实践的直接产物，无疑是鲜活且珍贵的；然而，其个体性、零散性与表面性的局限，往往难以触及教育过程的普遍规律与本质核心。教育工作者在投身实践时，固然需依赖丰富的教育经验作为支撑，但更为关键的是，他们需要教育思想或教育理论的引领与指导。教育思想凭借其独特的抽象概括力、逻辑严密性及现实普遍性，能够更深刻地阐释教育过程的基本原理，揭示教育现象的普遍法则，这是教育经验所难以企及的深度与广度。

因此，教育工作者对深刻教育思想的渴求，对明确教育信念的执着，以及对广博教育见识的追求，不仅体现了教育思想的理论魅力，更凸显了其对于指导实践、推动教育进步的不可估量价值。教育思想，正是以其独特的理论高度与实践导向，成为连接教育理论与实践、过去与未来的桥梁，引领着教育事业的持续发展与革新。

3. 教育思想具有与社会经济政治文化相联系的社会性和时代性

人们的教育实践及其认知活动，无不深深植根于特定的经济、政治、文化及思想土壤之中，这使得教育思想映射出社会发展的现状与需求，彰显了其社会性特质。同时，教育实践与认识作为历史进程的有机组成部分，必然受到特定历史时代条件的深刻影响，因此，教育思想不仅与人们所处的时代紧密交织，更是对该时代风貌与需求的直接反映，具备了鲜明的时代性特征。

本书所探讨的教育思想，正是站在我国社会主义改革开放和现代化建设这一宏伟历史进程的高度，紧密关联并深刻回应着我国教育事业改革与发展的迫切需求。同时，这些教育思想亦跨越国界，与世界当代经济、政治、科技、文化的蓬勃发展相呼应，敏锐捕捉并反映了全球教育变革的最新动态与思想潮流，从而兼具了鲜明的当代社会性与时代性色彩。

4. 教育思想具有面向未来教育发展及其实践的前瞻性和预见性

教育思想，作为教育实践的智慧结晶，其深植于丰富的教育实践之中，同时以其独特的视角与深度，反哺并指导着教育实践的不断前行。鉴于教育本质上是一项面向未来、旨在培育人才的崇高事业，教育思想承载了前瞻性与预见性的光辉。特别是在当代社会，随着人类历史进程的加速推进，教育事业的步伐更加坚定地迈向未来，这使得教育思想的前瞻视野与预见能力凸显，成为引领教育创新与发展不可或缺的力量。

当然，教育思想亦非无源之水，它深刻地汲取了历史长河中教育实践的经验教训，是对过往教育智慧的批判性继承与创造性发展。然而，教育思想的最终归宿与核心价值，在于服务并指导当前及未来的教育实践，为其指明方向、提供策略。因此，在历史的长河中，教育思想不仅是对过去的深刻反思，更是对未来的勇敢眺望，其前瞻性与预见性特征在历史维度上尤为显著，引领着教育事业不断突破现状，向着更加辉煌的未来迈进。

（二）关于现代教育思想的概念

所谓现代教育思想，具体而言，是在我国改革开放与社会主义现代化建设的宏伟蓝图下孕育而生，同时深刻融入近代特别是 20 世纪中叶以来全球现代化浪潮及教育理论与实践的广阔背景之中。它聚焦于我国当前教育改革面临的现实问题，致力于揭示并阐明教育现代化进程中的关键规律。值得注意的是，关于"现代教育"及其思想内涵，学术界众说纷纭。

这里立足于我国教育现代化及教育改革的迫切需求，提炼并界定了一种适应时代要求的"现代教育思想"，旨在通过这一视角，深入剖析教育领域的诸多前沿议题。我们虽仅选取了现代教育思想宝库中的部分内容进行探讨，但力求精准捕捉那些对我国教育改革实践产生深远影响的思想精华与独到见解。此举旨在拓宽读者的教育视野，提升其教育理论素养，进而树立起符合时代潮流的现代教育观念，共同推动我国教育事业迈向更加辉煌的明天。

二、关于高校数学教学的思考

（一）注重建立和谐师生关系

高校数学，以极限概念为基石，依托极限理论这把钥匙，解锁函数世界的奥秘，进而延伸至函数的连续性、导数等核心议题。对于初入象牙塔的学生而言，这些基础概念不仅是通往数学殿堂的门槛，也是他们从"初等数学"平稳过渡到"高等数学"的关键。

然而，大学与中学在教育环境上的显著差异，如同横亘在学生面前的一道天然屏障，使许多大一新生在适应新学习模式、教学内容及方法上遭遇了不小的挑战。加之社会上对高等数学普遍存在的畏难情绪，无形中加剧了部分学生对其的抵触心理，甚至萌生恐惧，信心尚未建立便已动摇。

在此背景下，构建和谐的师生关系显得尤为重要。它如同一座桥梁，不仅能有效缓解学生的厌学、恐学情绪，消除这些影响教学效果的心理障碍，还能像一盏明灯，照亮学生探索高等数学的道路，帮助他们重拾信心，勇敢地迈出每一步。通过教师的悉心引导与鼓励，学生得以在温暖的氛围中逐渐克服外界干扰，专注于知识的汲取与能力的提升，从而在高等数学的浩瀚海洋中扬帆起航。

作为教师，要构建和谐的师生关系，提高教学质量，可以从以下两点入手：

1. 尊重学生，建立平等的师生关系

在教育的双边互动中，教师与学生虽扮演着教育者与学习者的角色，但本质上均为具有独立人格的社会成员，彼此间在人格尊严上享有平等地位。步入新时代，教师形象已从往昔的权威象征转变为更加亲和与多元的存在，这意味着教师在赢得学生尊敬的同时，亦需尊重学生。教学实践中，教师的一言一行皆需谨慎，确保不损害任何一位学生的自尊心，特别是对于学业上暂遇挑战的学生，更应展现出充分的耐心与尊重，以鼓励他们重拾信心，继续前行。

此外，构建平等的师生关系，还要求教师摒弃传统偏见，对待所有学生一视同仁，不以成绩论英雄。这需要教师自我革新，拥抱民主平等的教育理念，将对学生的尊重、信任与适度的严格要求巧妙融合，努力营造一种基于相互理解与支持的氛围。在这样的环境中，教师不仅是知识的传递者，更是学生心灵的引路人，双方携手共进，探索知识的奥秘，共同成长。

2. 理解和热爱学生

教育，其本质深植于情感的沃土之中，情感缺失则教育之树难以茁壮成长。对于正值世界观、人生观初步成型阶段的大学生而言，他们虽心智尚显稚嫩，却已展现出强烈的独立意识与自我驱动力，内心深处尤为渴盼得到师长的深切理解与关怀。因此，教师应成为敏锐的情感洞察者，细致体察学生的需求，以适时的温情关怀搭建起信任的桥梁，让学生感受到被重视与理解的温暖。

这份爱不仅体现在对学生的深刻理解上，更在于教师对学生无条件的热爱与欣赏，善于捕捉并放大学生的闪光点，以此激发学生的内在潜能，促进其全面发展。值得注意的是，课堂作为师生交流的主阵地，不应仅仅是知识的单向传输站，更应是情感交融的温馨港湾。教师应在传授知识的同时，注重情感的交流与共鸣，通过深入浅出的讲解、耐心细致的解惑，学生感受到来自教师的深切关怀与殷切期望。一个鼓励的眼神、一句温暖的话语，都能成为点燃学生学习热情、增强自信心与勇气的火种，助力他们跨越学习中的重重障碍，以更加饱满的热情和坚定的意志投入知识的探索之旅。

（二）注重启发式教学

现代教育理念的核心在于"学生主体，教师主导"，这一原则的实施关键在于激发学生内在的学习动力，而这份动力直接受教师引导方式的影响。启发式教学法作为激活学习积极性的有效手段，其重要性不言而喻，它能够显著提升学生的自主学习能力。以人为本的教学观，强调将舞台交还给学生，赋予他们更多独立思考的空间与时间，实现从"教为中心"向"学为中心"的根本转变。

在高校数学领域，基本理论的教学占据了核心地位，涵盖基本概念、定理、公式及法则等基石。这些理论的传授不应仅仅是知识的堆砌，而应是一个动态的、学生主动参与的认知构建过程。学生需通过积极的思维活动，将新知识融入既有的知识框架中，经由抽象、推理等重塑个人认知结构。这正是基本理论教学的精髓。

教师的主导作用，在于巧妙运用启发性教学策略，激发学生的探索欲与求知欲，引导他们自主完成这一认知旅程。通过精心设计的思考任务、讨论环节，教师引导学生从已知出发，逐步探索未知，解决问题。这一过程中，学生不仅收获了新知识，更体验到了主动参与的乐趣与成就感，其思维能力也在不知不觉中得到了质的飞跃。因此，启发式教学法与讲授法非但不冲突，反而是相辅相成，共同促进了高校数学教学的深度与广度。

（三）注重情境教学法

高校数学作为一门以讲授为主的学科，其课堂教学环境往往偏向于理论阐述，实际情境的缺乏可能导致课堂氛围相对沉闷，难以激发学生的联想力与创造力，进而诱发学生被动学习的状态，长此以往，思维惰性便悄然滋生。为扭转这一局面，教师应积极探索创新教学方法，以情境教学法为突破口，通过引入学生耳熟能详的生活实例作为新知识的切入点，瞬间拉近数学与学生生活的距离，点燃学生的学习热情，促使他们由被动接受转为主动探索。

同时，鉴于数学深厚的历史底蕴，教师在讲授特定章节时，巧妙穿插数学史的小故事或重要发现历程，不仅能够丰富课堂内容，拓宽学生的知识视野，还能让学生深刻感受到数学的魅力，激发他们对数学更深层次的好奇与热爱。这种跨学科的融合教学，不仅能够提升学生的学习兴趣，还能促进他们对数学学科全面而深刻的理解。

（四）注重知识的应用

高校数学教学，其核心在于精准传授数学概念、定义，严谨证明定理，并深入进行计算推导，这对于理论体系的构建而言无可挑剔。然而，数学的抽象符号、严密逻辑及高深理论往往令部分学生望而生畏，导致他们虽知数学价值非凡，却对其实际应用知之甚少，学习动力不足，"数学无用论"悄然滋生。鉴于此，强化数学知识的实践应用教学显得尤为迫切。

激发学生对数学的兴趣，关键在于让他们深刻认识到数学的实用价值与重要性。教师在传授基础理论知识的同时，应巧妙融入与课程内容紧密相关的数学应用案例，不仅要将基本概念、定理等讲深讲透，更要展现数学在解决实际问题中的强大力量。数学建模作为一种连接理论与现实的桥梁，直接体现了数学在各行各业中的广泛应用，通过引入生动的建模案例，学生亲眼见证数学的力量，感受其现实意义，从而激发学习热情，提升数学在他们心中的地位。

此外，为进一步增强学生的应用意识与能力，高校数学教材应适当增加应用题的比例，尤其是那些贴近专业实际及当前经济发展趋势的题目。在课堂上，教师也应广泛援引数学知识在各领域的实际应用实例，这不仅要求学生掌握数学工具，更促使教师自身不断拓宽知识边界，成为连接数学与现实的桥梁。通过这一系列举措，学生将逐渐意识到"数学源于生活，服务于生活"，进而在兴趣的驱动下，更加主动地投入数学学习，提升综合素质与应用能力。

三、高校数学与现代教育思想的统一

（一）依托现代信息技术，构建现代化的高校数学教学内容体系

面对大发展大变革的时代浪潮，全面提升人才培养质量，尤其是培育知识渊博、技能精湛的高素质专业人才与拔尖创新人才，已成为高等教育不可推卸的使命，这对大学数学教育提出了前所未有的高标准要求。为顺应现代化发展需求，我们精心构建了与之匹配的数学课程内容体系，立足于学校人才培养的战略定位，融合本科教育特性及个体与社会发展的实际需求，秉持"厚基础、轻技巧、重思想、强应用"的原则，组织资深教师团队编纂了适用于全校各专业的教材。

该教材在内容设计上独具匠心：一是深入挖掘实际应用背景，巧妙融入数学建模与实验的理念及方法，引导学生掌握问题建模与求解技巧；二是凸显数学思想的核心地位，通过多维度解析深化理解，同时强化数学训练，锤炼学生面对挑战时的坚韧意志与清晰判断力；三是积极践行现代教育理念，革新微积分教学内容，融合数学软件教学，持续聚焦于学生数学素养与应用能力的提升；四是促进经典与现代数学的有机融合，强化课程间的横向联系，优化课程体系与教学内容，实现知识的系统整合；五是博采众长，将国内外优秀教材精髓与本土教学改革成果深度融合，确保教材内容紧密贴合人才培养实际需求。

此外，为满足不同专业层次及拔尖人才培养的差异化需求，我们实施了高校数学课程的分层教学策略，设立了高级班、普通班、"1＋1"双语班、"数理打通"数学分析班及文科数学教学班等多种教学模式，并量身定制了各具特色的教学大纲与内容模块，确保教学深度与广度的精准匹配，为培养适应未来挑战的高素质人才奠定坚实基础。

（二）探索高校数学实验化教学模式，培养学生的探索精神与创新意识

随着科技的不断进步，人们对数学的认识已经超越了其作为一种工具或方法的传统

界定，而将其视为一种独特的思维方式——数学思维，以及一种重要的个人素养——数学素质。为了培养出更多具有实际操作能力、跨领域知识整合能力和顶尖创新能力的人才，教育工作者需要着重提升学生的数学思维能力，并增强他们的数学素质。这要求我们摒弃那些限制学生创新思维的传统教学理念和模式，转而采用一种能够激发学生自主思考并给予他们充分思维空间的新教学方式。

在此背景下，我们将数学实验引入高等学校的数学教学，作为一项重要的教学改革措施。借助现代数学软件技术和日益完善的校园网络设施，高校数学课程得以在数字化的教学环境中进行，同时构建了一个理想的数学实验平台。这一改革趋势已经引起了众多教师的兴趣和关注，他们正积极探索如何有效地将数学实验融入日常的教学活动，以此来全面提升教学质量并促进学生的全面发展。

（三）搭建高校数学网络教学平台，拓宽师生互动维度

教育信息化的核心在于实现各类教学资源的数字化，以确保这些资源能够满足信息化教育、网络化教学、互动式学习的需求。随着现代信息技术的迅速发展，以及校园网、园区网和互联网的不断完善与普及，数字化资源的建设和管理获得了开放、可靠且高效的平台支持。强化资源共享与教学互动对于提升教学效率、保障人才培养的质量具有极其重要的意义。因此，教育机构应当充分利用这些技术优势，推动教学资源的数字化转型，构建一个更加灵活、高效的学习环境，从而更好地服务于教学活动。

第二章

高校学生的数学素质及能力培养

第一节 高校学生数学素质的培养

一、数学素质的本质属性

（一）数学素质的境域性

"境域性"概念深刻揭示了知识的本质属性，即任何知识皆根植于特定的时间脉络、空间维度、理论框架、价值观念，以及语言符号等多元文化要素之中。知识的意义超越了其字面描述，而是深深嵌入综合的意义网络，这一网络由上述文化因素共同编织而成。脱离这一具体的境域背景，不仅知识本身将失去依托，成为无本之木，连认识活动的主体与过程也将不复存在。

数学素质作为知识境域性的一个鲜明例证，其发展与展现无不与数学知识紧密相连，且高度依赖于特定的情境环境。数学素质的内在构建与外在展现，皆需特定情境的滋养与激发，一旦脱离这些情境，数学素质便难以得到有效呈现与评估。我们判断某人是否具备数学素质，往往是在具体情境中，通过观察其运用数学知识解决问题的能力来间接推断的。因此，脱离具体情境的考量，对于数学素质的评判将变得既不准确，也不全面。

（二）数学素质的个体性

数学素质的个体性显著地体现在其强烈的个人特征上，这种特质的核心在于个体如何调整并融合已有的认知结构。从心理学视角审视，每个人的知觉世界独一无二，即便两人身处同一时空坐标，其内心的心理环境也可能大相径庭。面对相同的数学现象或问题，即便是智力相当的个体，也会因各自的目标导向和经验背景的迥异，而展现出截然不同的行为模式。进一步而言，在教育传授的层面，知识往往仅停留在表面，这些显性的知识如同探险者留下的足迹，虽然能指引路径，却难以揭示沿途的所见所感。正如德国哲学家叔本华所言，真正的知识探索是深入未知的、个人化的领域，这要求我们超越表面的知识痕迹，去体会那些难以言喻、高度个性化的认知体验。

数学素质之所以独具一格，正是源于其构成的复杂性和个体间的差异性。数学，作为一种深刻的人类活动，其知识体系不仅是智慧的结晶，更是思想观念的载体，映射着人们的信念、意图、行为规范和思维逻辑。而数学素质，则是在这一基础上，融入了每个人对数学独特的体验、深刻的感悟和持续的反思，从而形成了鲜明而强烈的个体色彩。这一过程，不仅是知识的接受与内化，更是心灵的触动与成长的体现，它要求我们在数学的旅途中，不断成为那个探索未知、发现真理的自己。

（三）数学素质的综合性

数学素质，作为一个复杂而精细的系统，其整体性特质显著区别于单一的数学知识积累。它不仅仅是对数学原理与公式的掌握，更是数学知识、情感体验、思维模式、思想方法，以及蕴含于其中的科学理性与人文情怀交织融合的产物。这一系统内部，各要素间紧密相连，如同生态系统中物种间的相互依存，每一个成分的变动都会牵动整个系统的平衡与演进。

数学素质的个体性赋予了这一系统活力，它不仅仅是一系列静态知识点的堆砌，而是一个随着个体经历、成长环境及学习实践不断演化、完善的动态过程。在这个过程中，数学素质的各个组成部分不再是孤立的存在，而是作为系统整体功能实现的关键环节，彼此间既相互支持又相互制约，共同促进着个体在数学领域的全面发展。

从外在表现来看，数学素质既可体现为个体在面对数学问题时所展现出的稳定心理状态与积极情感倾向，也可通过其严谨的逻辑思维、创新的解题策略及深刻的数学思想方法来彰显。更进一步，它还渗透于个体的日常行为、言谈举止之中，成为一种内在品质与外在表现的和谐统一。这种综合性的特征，使得数学素质难以被任何单一维度所完全界定，它更像是一幅细腻复杂的画卷，需要我们从多个角度、多个层面去欣赏与解读。

总而言之，数学素质是一个多维度、多层次、动态发展的综合体系，它融合了知识、情感、思维、方法及精神等多个方面的要素，共同塑造了个体在数学领域的灵魂。在这个过程中，每一个细微的变化与成长，都是对数学素质的生动诠释。

（四）数学素质的外显性

数学素质的外显性，作为连接个体内在素养与外界评价的桥梁，深刻体现了人类作为社会性存在的本质。在错综复杂的人际交往中，个人的数学素质如同璀璨的光芒，通过其日常行为自然流露出来，成为衡量其数学能力与思维品质的重要标尺。这一过程，不仅是对个体数学素养的检验，也是数学素质在社会实践中得以彰显与强化的关键环节。

具体而言，数学素质的生成与否，并非孤立于个体的内心世界，而是需要通过其在具体情境中的外在表现来加以验证。换言之，一个真正具备数学素质的人，在现实生活的广阔舞台上，会自然展现出其独特的数学思维方式、解决问题的能力，以及对数学的深刻理解和热爱。这些特征，如同数学语言编织的经纬，贯穿于他们的言行举止之中，成为他们区别于他人的鲜明标识。

在国际与国内数学教育研究的广阔视野下，对于学生数学素质的培养与评价，均高度重视其在真实情景中的表现。研究者们致力于构建多样化的评估体系，旨在通过观察学生在具体数学任务中的行为表现，来全面、准确地描绘其数学素质的行为特征。这一过程，不仅促进了对学生数学素质发展的深入理解，也为教育实践提供了宝贵的指导与启示。

因此，我们可以说，数学素质的外显性，是数学教育与评价体系中不可或缺的一环。它要求我们在关注学生数学知识与技能掌握的同时，更要重视他们在现实生活中的数学应用与创新能力培养。只有这样，我们才能培养出既具备扎实数学基础，又能在复杂多变的社会环境中游刃有余地运用数学知识解决实际问题的优秀人才。

（五）数学素质的生成性

数学素质的生成性，相较于数学知识的直接传授与被动接受，呈现一种更为深刻与内化的过程。这一特性从根本上决定了数学素质的培养路径与知识传授的截然不同。知识的传授往往可以依赖"传递—接受"乃至"灌输—记忆"的传统模式，但数学素质，这一融合了知识、情感、思维与价值观的综合体，却无法简单地通过言语的直接传递或个体的被动接受而实现。它要求学习者在主动参与的数学活动中，通过切身的体验、深刻的感悟与持续的反思，逐步构建并内化为自身的素养。

数学素质的境域性强调了其生成过程中不可或缺的情境因素。数学活动并非孤立存在，而是深深植根于特定的社会文化、历史背景及个人经验之中。正是这些丰富多样的情境，为数学素质的萌芽与成长提供了肥沃的土壤。因此，在教学过程中，教师应精心创设贴近学生生活、富有挑战性的数学情境，以激发学生的探索欲与创造力，促进数学素质的生成。

同时，数学素质的个体性揭示了其生成过程中人的主体性地位。每个人都是独一无二的，他们的数学素质也是基于各自的经验、兴趣、认知风格及价值观等个性特征而构建的。这要求我们在教学中尊重学生的个性差异，鼓励他们以自己的方式去体验数学、理解数学，并在这一过程中逐渐形成具有个人特色的数学素质。

此外，数学素质的综合性与外显性也为我们提供了评估与确认其生成状况的有效途径。数学素质不仅仅体现在某一方面的能力或表现上，而是多种素质要素的综合体现。因此，我们不能仅凭单一的指标或特征来评判一个人的数学素质。相反，我们应该在真实或模拟的现实情境中，通过观察学生的数学行为、思维过程及情感态度等多方面的表现，来全面而深入了解他们的数学素质水平。

最后，数学素质的生成性还启示我们在教学过程中应更加注重学生的体验、感悟与反思。这不仅是因为这些过程是数学素质生成的关键环节，更是因为它们能够帮助学生深化对数学的理解、培养解决问题的能力，并逐步形成独立思考与批判性思维的能力。因此，教师应积极引导学生参与数学活动、鼓励他们提出问题、分享观点，并在这一过程中给予适时的指导与反馈，以促进他们数学素质的全面发展。

二、数学素质的内涵

在深入剖析数学素质本质属性的基石上，我们从其生成机制的维度，对数学素质进行了更为全面而深刻的界定。这一定义强调，数学素质是主体在累积的数学经验土壤上，通过积极参与数学活动，经历对数学的深刻体验、细致感悟与持续反思，最终在真实生活情境中自然流露的一种综合性素养。它超越了单一的知识或技能范畴，是主体在数学世界与现实世界交互作用中，逐步形成并展现出的独特品质与能力。

从广义层面审视，数学素质是一种跨越学科边界、融合多种素养的综合性概念。它不仅涵盖了数学学科内的知识与技能，还涉及逻辑思维、问题解决、批判性思维、创新能力等更广泛的认知与非认知能力。这些要素相互交织，共同构成了个体在数学领域乃至更广泛社会生活中不可或缺的素质基础。

而聚焦于狭义视角，数学素质则具体体现为个体在真实情境下，能够灵活运用所掌握的数学知识与技能，以理性、科学的态度和方法解决实际问题的能力。这种能力，是数学素质在特定情境中的直接体现，也是衡量个体数学素质水平高低的重要标尺。值得注意的是，尽管我们将此定义为一种"自然概念上的素质"，但并不意味着它是与生俱来的，而是需要通过后天的教育、学习和实践不断培养与提升的。同时，这种素质也具有一定的稳定性和持久性，能够长期影响并指引着个体的行为与发展。

三、数学素质的构成

（一）数学素质构成要素的分析框架

用以研究、分析和把握某一领域的基本尺度称为分析框架，它既规定了这一领域研究的问题的内容和边界，又提供了理解、分析、解决这些问题的基本视角、基本思路、基本原则和基本方法。因此，要想确定数学素质构成要素，建立分析框架极为重要。

建立数学素质构成要素的分析框架应该从以下几个方面着手：

1. 社会发展对数学的需求

在教育现象学及数学教育理论的共同指引下，一个清晰而迫切的共识浮现：教育与数学教育应当紧密联结现实生活，实现知识与实践的深度融合。构建数学素质的分析框架时，我们不可忽视社会变迁对数学教育提出的新要求，尤其是步入 21 世纪这一数字化时代与信息时代并行的历史节点。

数字化浪潮的席卷，一方面减轻了社会对于普通民众掌握传统数学技能及特定数学技巧的硬性需求，因为技术进步已部分替代了这些技能的应用场景；另一方面，它却加剧了对公民普遍性数学素养的渴求，包括深入理解数学概念、掌握数学思想方法，以及培养运用数学解决问题的意识和能力。这些素养的提升，旨在使公民能够更有效地驾驭数字技术，处理海量信息，识别数据模式，乃至在复杂多变的环境中做出明智决策。

信息时代对数学素质的新要求，具体体现在信息技术的掌握、数据处理与分析的能力，以及利用数学语言进行跨领域沟通与交流等方面。数学不再仅仅是书本上的公式与定理，而是成为连接现实世界与数字世界的桥梁，广泛应用于经济发展、环境保护、教育评估、计算机算法设计等众多领域。这种广泛应用性，使得"数学是一种工具"的观念深入人心，但其背后的文化意蕴却往往被忽视。

事实上，数学拥有双重品格：工具性与文化性。随着科技进步与社会实用主义的抬头，数学的工具性被不断放大，成为推动社会发展的重要力量。然而，数学的文化品格——那种深植于数学探索过程中的精神追求、思维方式及文化底蕴，却逐渐淡出了公众视野，尤其是教育者与受教育者的视线。这种状况亟须改变，因为数学的文化品格对于塑造人的思维方式、提升精神境界具有不可替代的作用。它教会我们如何以理性的眼光审视世界，以逻辑的力量分析问题，以创新的勇气探索未知。

值得注意的是，即便是在那些看似远离数学实践的哲学思考或战略决策中，早年接受的数学教育所蕴含的数学精神与文化理念，也往往以潜移默化的方式影响着个人的判断与选择。这种影响是深远的，它超越了具体数学技能的范畴，成为个体综合素质的重要组成部分，并伴随人的一生。因此，在强调数学工具性价值的同时，我们更应重视并弘扬其文化品格，使数学教育真正成为促进人的全面发展、提升社会文明程度的重要途径。

2. 受过教育的人的特征

在探讨受过教育之人的核心特质时，我们不难发现，其精髓远不止于单纯技能的掌握或知识的累积。首先，教育的本质要求个体不仅拥有广泛而深入的知识体系，这些知识需超越技能层面，触及原理与概念的本质，构建起支撑认知结构的坚固基石。换言之，一个受过教育的人，其知识库应如繁星点点，既照亮自身的思维路径，也引导其理解世界的奥秘，而非仅限于某一技艺的精湛。

其次，教育的力量在于激活知识，使之成为推动个人成长与变革的源泉。真正的知识不应是静止的、孤立的，而应能激发个体的推理能力，促使他们重新审视并整合既有经验，进而转变思维模式与行为方式。这种转变，是教育赋予人的独特能力，使个体能够超越书本的束缚，将所学融入生活，成为改变自身信仰与生活方式的动力。正如一本尘封的百科全书，虽满载信息，却若缺乏生命的触动，便无法与受过教育之人的灵魂相媲美。

再次，教育的深度体现在对思维形式的深刻理解与信奉上。一个受过教育的人，不仅知晓科学的思维方法，更能在实践中灵活运用，明辨证据的真伪与价值，以理性的光芒照亮探索的道路。这种对思维准则的尊崇与践行，是教育赋予人的宝贵财富，使人在复杂多变的世界中保持清醒与洞察。

最后，教育的广度则要求个体具备跨领域的认知透视力。科学家虽在某一领域深耕细作，但若缺乏对其他领域及整体生活方式的深刻理解与关联，其教育之路便显得狭隘而片面。真正的教育，应促使人成为具有宽广视野与深邃洞察的智者，能够在多元文化的交汇中寻找到自己的位置与价值。

一个真正受过教育的人在数学素质上的体现，应是既拥有扎实的数学知识与技能，又能在实践中灵活运用，不断反思与改进自己的思维方式与解题策略。这种素质，不仅是对数学本身的深刻理解与掌握，更是对教育本质的全面践行与升华。

3. 数学素质与数学课程标准

数学课程标准与教学大纲普遍将数学素质置于文化的高度进行阐述，强调数学不仅是人类文化的瑰宝，更是每位公民的基本素养。这一立场明确了数学素质构建的文化根基，即需将数学视为一种深邃而广泛的文化现象。因此，深入探索对数学文化的认知，对于构建全面而深刻的数学素质分析框架具有至关重要的意义。

从文化的宽广视野出发，数学的思维方法展现出了其独特的普遍性和深远影响。尽管大部分学生未来可能并不直接应用高深复杂的数学知识于日常，但数学所蕴含的思想与方法却跨越了学科的界限，广泛渗透于人类文化的各个层面。这种跨越性的应用潜力，正是数学文化价值的集中体现，它超越了具体知识的范畴，成了一种普适性的智慧与工具。

基于这样的文化理解，数学素质的内涵得以丰富与深化。它不仅涵盖了数学基础知识的积累与应用能力的培养，更重要的是，它融入了数学思想、数学方法、数学思维乃至数学精神。这些要素相互交织，共同构成了数学素质这一复杂而多维的体系，既体现了数学的学科特性，又彰显了其作为人类文化重要组成部分的广泛影响力。

4. 科学素质的构成和现状对数学素质培养的启示

数学素质，作为个体的核心素养之一，其与科学素质之间存在着紧密而深刻的联系，甚至构成了科学素质框架中的关键支柱。因此，深入剖析科学素质的构成要素，对于揭示数学素质的内在结构具有重要意义。

公民所应具备的基本科学素质，是一个多维度的概念，它不仅要求个体掌握基础的科学知识与方法，更强调科学思想的树立、科学精神的崇尚，以及将这些元素应用于解决实际问题、参与社会公共事务的能力。这一过程，实质上是对个体认知结构、思维方式及行为模式的全面塑造与提升。

科普活动作为提升公众科学素质的重要途径，其层次性特点尤为显著。从浅层的实用技术、新技术的普及，到中层科学知识、方法的传授，再到深层科学思想、观念与精神的传播，每一层次都承载着不同的教育目标与价值导向。然而，现实中我们往往过于偏重技术层面的成果展示与应用，却忽视了科学思想与精神的挖掘与弘扬。

在此背景下，反观高校数学教学，我们更应聚焦于科学方法的传授、科学思想的启迪，以及科学精神的培育。这三者不仅是数学素质不可或缺的组成部分，更是推动学生数学能力全面发展、培养其成为具有创新精神与独立思考能力人才的关键所在。通过强化这些方面的教育，我们不仅能够提升学生的数学素养，更能在潜移默化中塑造他们追求真理、勇于探索的科学精神，为国家的科技进步与社会发展贡献更多高素质的数学人才。

（二）数学素质的五个要素

从信息社会对数学素质的需求特征，我国颁布的科学素质框架、数学课程标准，以及国内外对数学素质分析框架的研究可以发现，数学素质由五个要素构成。

1. 数学知识素质

数学素质的萌芽与成长，其根基深深扎植于数学知识的沃土之中。数学知识不仅是构建数学素质不可或缺的基石，更是其本体性特征的直接体现。唯有在深入学习数学、灵活运用知识的过程中，个体方能逐步孕育并发展出数学素质。脱离了数学知识的支撑，数学素质就如同失去了根基的林木，难以茁壮成长。因此，国内外众多数学素质研究的专家学者均达成共识：数学素质的培养与提升，必须建立在坚实的数学知识素质基础之上，并以此为出发点，不断拓展与深化，最终形成全面而深刻的数学素养。

2. 数学应用素质

关注知识的应用是任何教学活动都重视的一种价值追求。数学应用素质是反映数学素质的重要方面，个体数学素质的其他方面都是通过在现实情境中对数学的应用来体现的。

3. 数学思想方法素质

数学，作为一门学科，其核心价值不仅在于知识的传授，更在于思想方法的启迪与运用。数学方法作为这一领域的精髓，可划分为四个由浅入深、相辅相成的层次。首先，是基础性与革命性的数学思想方法，诸如模型化、微积分、概率统计、拓扑及计算方法等，它们不仅是数学大厦的基石，更指引着数学学科的发展方向。其次，是与广泛科学领域相通的一般数学方法，如类比联想、综合分析、归纳演绎等，这些方法在促进跨学科交流与应用中发挥着桥梁作用。再次，是数学独有的方法体系，如等价变换、数学表示、公理化构建、关系映射反演、数形转换等，它们深刻体现了数学的独特魅力与逻辑力量。最后，则是具体解题技巧层面，虽不可或缺，但在数学教育中应避免过度聚焦，以免忽视了对更深层次思想方法的探索与培养。

数学思想方法的掌握与应用，是衡量个体数学素质高低的重要标志。它要求主体不仅能够领悟并内化一般科学方法中的科学思想，如演绎推理、归纳概括、类比联想等，还需精通数学特有的方法论，如化归策略、数学建模等，这些在数学实践中展现出的独特思维方式与解决问题能力，是数学素质在真实情景中的生动体现。因此，数学教学应致力于构建一个全面而深入的学习体系，既重视基础知识的传授，又强调思想方法的启迪与应用，以培养出既具备扎实数学功底，又具备创新思维与实践能力的优秀人才。

4. 数学思维素质

教育的精髓，归根结底，在于思维的启迪与塑造，这已成为当代教育体系的核心追求之一。思维的力量，在于它能引领个体超越眼前，以深远的目光规划行动蓝图，确保每一步都朝着既定的长远目标稳健迈进。它促使我们在行动之前深思熟虑，确保决策与行为能够精准对接愿景。因此，在高等教育的数学领域内，强化对学生思维能力的培养，不仅是知识传授的延伸，更是塑造未来社会栋梁的关键环节。

思维方式的多样性，如万花筒般绚烂多彩。它因民族文化的独特韵味而异，古希腊数学家与古印度学者的思维碰撞，便是这一差异性的生动例证。更进一步，学科与职业的细分，更是催生了多样化的思维模式，人们往往依据自身的专业领域，构建起专属的思维框架，从而以独特的方式解读世界。尤为显著的是，不同学科背景下的思维训练，不仅塑造了各具特色的思维工具，更孕育了深厚的学科思维素质，成为推动社会进步与创新的重要力量。

5. 数学精神素质

在数学教育的殿堂中，数学精神素质的培育构成了其崇高的境界，遗憾的是，这一层面往往成为教学实践中的"隐形角落"，未得到应有的关注与深耕。众多数学教师对于数学精神的真谛尚感陌生，更遑论以此精髓锻造学生高洁的灵魂。学生群体中，不乏解题高手与应试能手，但在理性之光、求真之勇、创新之魂，以及自我反思的能力上却显得苍白无力。这种偏重于数学工具性的教学导向，不仅局限了学生的全面发展，也束缚了他们对专业的深度挖掘。

数学，在更为宏大的语境下，是一种精神的象征，一种对理性极致追求的体现。它如同灯塔，照亮并推动着人类思维的边界不断拓展，使人类能够以前所未有的深度与广度去审视世界、挑战未知。这种精神，不仅是科学探索的驱动力，更是人类自我认知、道德建设乃至社会进步的基石。它促使我们不断叩问存在的意义，勇于探索自然的奥秘，并力求在知识的海洋中挖掘出最为深邃与完美的真理。因此，在数学教育中，唤醒并培育学生的数学精神，是引领他们走向更加辉煌未来的关键。

数学精神，这一深层次的素养，融合了科学精神、人文精神，以及数学所独有的精神特质。科学精神，作为近代科学发展的精髓，蕴含了求真、实证、怀疑批判、创新等核心要素，它们通过科学知识体系、研究活动及社会建制得以体现，是科学进步的不竭动力。而人文精神，则强调以人为本，追求自由、自觉、超越与人的全面发展，它赋予了科学精神以温度和人文关怀，促使两者相辅相成，共同推动社会文明的进步。

在数学领域，数学精神更是独具魅力，它根植于悠久的数学史、深刻的数学哲学及数学学科本身，表现为数学活动中形成的独特价值观念与行为规范。这其中包括了数学理性精神，追求真理的纯粹与严谨；数学求真精神，对未知世界的不懈探索与求证；数学创新精神，勇于突破传统框架，开辟新路径的勇气；以及数学合作与独立思考精神，既强调团队协作，也珍视个体的深度思考。

数学素质作为一个多维度的概念，其构成要素之间相互关联、相互促进。数学知识素质作为基础，为其他层面的发展提供了坚实的支撑。而数学应用素质、数学思想方法素质、数学思维素质及数学精神素质，则是在此基础上不断拓展与深化的结果。这些素质通过主体在真实情景中的数学应用行为得以展现，无论是解决问题时的冷静理智，还是面对挑战时的创新思维，都是数学素质在现实生活中的生动体现。

因此，评判一个人的数学素质，不仅要看其掌握的数学知识，更要观察其在数学应用中所展现出的思维能力、方法运用及精神风貌。只有在真实情景中，通过主体处理问题的具体行为，我们才能全面而准确地判断其数学素质的不同层面，进而促进数学教育的全面发展与提升。

第二节　高校学生数学应用意识的培养

一、数学应用意识概述

（一）数学应用意识的界定

1. 意识的含义

人类心理作为认知世界的高级形式，其核心在于意识，尽管心理学界至今尚未就意识的本质达成普遍共识。简而言之，意识是个体在特定时刻，通过生活实践对周遭客观事物的综合感知与理解的集合，涵盖感觉、知觉、想象及思维等多维度认知活动。若个体的认知活动仅限于感觉与知觉层面，缺乏深入的思维加工，那么其意识状态便显得苍白无力。以听觉为例，面对呼唤，人们的心理反应可分化为两种截然不同的情况：一是声音仅作为背景噪声存在，因专注于他事而未被识别其特定含义，此谓"听而不闻"，此状态下虽有感官输入，却难言意识觉醒；二是不仅捕捉到声音，更能辨识其为个人呼唤，并随即作出回应，此情境下方能确认个体处于有意识状态，展现了意识作为综合认知活动的完整性与主动性。

2. 数学应用意识的内涵

数学应用意识，本质上是一种深层次的认知活动，它驱动着主体自发地从数学的独特视角审视周遭事物，剖析复杂现象，并勇于以数学的逻辑、语言及思想方法为工具，去描绘、阐释乃至解决生活中遇到的各种问题。这种心理倾向，不仅体现了对数学知识的灵活运用，更是对数学思维方式的一种深刻认同与自觉实践。

（二）培养学生数学应用意识的必要性

1. 改善数学教育现状的需要

中国的数学教育在培养社会所需人才方面发挥着举足轻重的作用，特别是在促进学生智力发展上，数学科学展现出的独特优势不容忽视，"数学是思维的体操""数学是智力的磨砺石"的观念深入人心。然而，当前数学教育面临着人才市场需求不足的问题。其主要体现在课程设置上过分强调传统学科体系，忽略了与其他学科的融合与创新；教学模式相对陈旧，缺乏与学生生活经验及社会实际的紧密结合，课程内容与数学背景和应用之间的联系不够紧密；教学过程中知识灌输多于实践能力培养，对提升学生应用能力、创新精神及创业能力的关注度不足。这一现象尤其体现在高校学生中，表现为基础知识扎实但创新力较弱，擅长解题但实践操作能力有待提升。这一状况的形成原因复杂多样，其中之一便是社会对数学价值认知的局限性，不少人仅将数学视为逻辑思维工具而非思维训练手段。

因此，数学意识成了评判学生数学素养的重要标准，其中包括运用数学解决实际问题的意识。面对这一现状，数学教育者应持有危机意识，将培养学生的数学应用意识作为教学的核心原则之一。通过改革教学内容与方法，增强课程与现实世界的联系，鼓励实践探索与创新思维的培养，以适应快速变化的社会需求，从而全面提高数学教育的质量，助力学生全面发展。

2. 适应数学内涵的变革

自古希腊以来，纯粹数学便始终占据数学科学的中心地位，其主要焦点在于探究事物的数量关系与空间形式，追求概念的抽象与严密性、命题的简练与完美性，被视为数学之精髓。进入 20 世纪后，数学领域的面貌经历了根本性的转变，其不仅在广度与深度上对其他科技领域产生前所未有的影响，而且伴随着电子计算机的广泛应用，数学的应用边界被不断拓展，从粒子物理学到生命科学、从航空技术到地质勘探等各个科技领域，乃至几乎涵盖人类所有知识领域的前沿探索。这表明数学的本质正经历一场深刻的革新，人们对"数学是什么"的理解也迎来了全新的视角——数学的抽象性和逻辑性，对其自身的研究而言是内在特性，而数学的应用性则体现在它对外部世界的广泛影响上。

因此，现代数学教育应当注重培养学生的应用意识，摒弃仅聚焦于理论发展的传统观念。教育体系需要在传承数学内在魅力的同时，加强引导学生将数学知识应用于解决实际问题的能力，实现理论与实践的有机融合。这样的教育目标不仅能够激发学生对于数学内在美的追求，还能够使他们认识到数学在促进科技进步和社会发展中所扮演的关键角色，从而培养出既能深刻理解数学内在逻辑，又能灵活运用数学知识解决现实问题的综合性人才。

3. 促进建构主义学习观的形成

数学学习并非单纯的知识传递，而是一个基于学习者已有知识与经验的主动构建过程。建构主义学习观倡导个体通过内在的思维活动来构建认知结构，这与素质教育着重于个体全面发展相契合。当前数学教育改革以建构主义学习观为指引，着重强调数学学习的主动、构建、累积、顺应与社会性特征。在这一过程中，个体的认知活动受到显著影响，而社会性特征则意味着个体的思维构建必然受到外部环境，尤其是学生生活与社会环境的影响。

伴随科技的迅猛发展，学生的生活环境与社会环境发生显著变化，生活质量普遍提升。与此同时，大众传媒的多样化使得信息获取渠道拓宽，视野得以开阔，经验与文化更为丰富。因此，数学教育改革需充分考虑这些因素对学生成长的重要作用。

数学发展，尤其是应用数学的进展，凸显了数学与现实世界的紧密联系。在教学中，适度融入数学的实际应用内容，能有效激发学生的学习兴趣，增强主动性和积极性。学生通过观察、实验、归纳、类比及概括等方法，从实际生活现象与事物中积累数学学习资料，并在此基础上抽象出概念体系，建立对数学理论的理解，同时理解和掌握数学理论的实际应用过程。这种学习模式，遵循了建构主义学习观对于学习本质的认识，体现了理论与实践的紧密结合。

4. 推动我国数学应用教育的发展

我国数学应用教育的发展历程曾经历过多次变化。早期的教学大纲确实体现了强调数学应用的理念，但实践操作中更多地聚焦于培养"三大能力"，尤其是逻辑思维能力。社会需求的变迁促使数学应用教育的关注点逐渐转向更实用的方向。因此，数学教育改革的核心目标之一，就是引导广大数学学习者不仅掌握数学知识和技巧，还能够培养运用数学解决实际问题的意识。这样的改革旨在适应时代发展，更好地满足社会对人才的实际需求。

二、培养学生数学应用意识的教学策略

（一）教师要确立正确的数学观

学生的数学观念形成于参与数学学习活动的过程中，这一过程受到多种教育因素的影响，而教师的数学观念是最关键的驱动力。教师对于数学的理解和认识决定了他们在课堂上的教学方式和内容选择，这种观念直接塑造了学生对数学的看法，并进一步影响了教师自身的教育理念、态度及教育实践。如果教师将数学视为"计算与推理"的学科，他们很可能会严格遵循数学知识的逻辑结构进行教学，侧重于知识的传授和技能的培养，如运算能力、逻辑思维能力和空间想象能力的提升，却忽视了数学学习过程中的探索性和数学知识的实际应用。

强调数学应用的观念在我国教育实践中尤为重要。传统教育往往偏重于数学理论知识的灌输，而忽视了知识的应用价值。虽然数学教材中已经包含了实际应用的题目，但在教学中，这些应用题常常被简单地处理为特定题型的练习，而非真正意义上的应用训练。真正的数学应用并不仅仅局限于直接使用公式解决具体问题，而应当涵盖数学知识、方法、思想的实际运用，以及培养数学应用意识。这要求我们在教学中不仅要传授数学知识，更要指导学生如何将这些知识应用于解决实际问题，理解背后的逻辑和方法，从而培养出独立解决问题的能力。通过这种方式，学生不仅能深化对数学概念的理解，还能增强将数学知识运用于现实世界问题解决的能力，实现数学教育的真正价值。在这样的观念下，我们有必要认识与数学应用相关的几个问题。

1. 允许非形式化

形式化是数学的基础属性，强调了数学的严谨性与逻辑推导的重要地位。然而，在构建数学概念、揭示定理的过程中，非形式化的思考是不可或缺的一部分。实际上，许多数学概念的诞生与定理的发现，往往是基于直观理解、直觉洞察等非形式化的思考方式。在数学的实际应用中，面对的问题往往是以一种非形式化的、更为具体和直观的方式出现的。这就要求我们调整对数学的理解方式，不应将形式化视作数学的核心，而是认识到它作为数学成果的表现形式。

数学理论的形式化表达是数学活动最终阶段的产物，而数学活动的全过程则包含了丰富的非形式化成分，如直观的背景描述、直觉的应用等。在教学过程中，应注重展现数学概念的直观背景，让学生的理解不仅仅是基于符号的推演，更重要的是理解概念的来龙去脉，感受数学的思想与逻辑。避免将抽象复杂的数学理论演绎过程过分抽象化，使学生的注意力集中在形式化的规则与步骤上，而忽视了数学的实质和应用

场景。教师应将数学教育与实际问题紧密结合，引导学生从问题出发，通过提出假设、探索规律、验证猜想等非形式化思考方式，逐渐过渡到形式化的表达与证明。最终的目标是让学生学会将抽象的数学概念应用到解决实际问题中，实现从理论到实践的有效转化，培养学生的数学应用意识和创新能力。

2. 强调数学精神、思想、观念的应用

在数学教学中，数学应用被理解为将数学作为解决问题的工具，主要针对可数学化的问题。实际上，数学中蕴含的组织化、统一建设、定量化、函数、系统、实验、模型化、合情推理、系统分析等核心理念，广泛应用于社会生活各个领域。对数学应用的正确认知在于意识到其本质并非单纯的应用数学或数学应用题，也非简单的理论与实际的联系。

在数学应用教学实践中展示数学活动的特点，教师的数学观起到了关键作用。教师应当强化教学内容与现实世界的关联，引导学生参与数学化和数学建模的实践，以此促进学生对数学的深度理解与兴趣激发。采用静态、工具主义的数学观设计的教学活动可能限制学生应用意识的发展，而动态、文化主义的视角更有利于培养学生的数学思维和应用能力。这样的教学策略鼓励学生在实际应用中构建数学思想，通过解决具体问题理解数学的本质，学会价值判断和创新，从而实现全面发展。

重要的是，教师应认识到数学应用不仅是数学教育的目标之一，更是实现更高教育目标的重要途径，是提升学生综合素质的有效手段。通过应用，学生能够深入理解数学的价值，学会在复杂情境中运用数学解决问题，这不仅有助于数学知识的内化，更能促进学生批判性思维、创新能力和实践技能的全面提升。因此，教师在设计教学活动时，不仅要关注知识传授，更要注重学生在应用过程中的体验与感悟，以此培养其数学应用意识，实现数学教育的全方位目标。

（二）加强数学语言教学，提高学生的阅读理解能力

数学阅读是涵盖多层次心理活动的心理过程，其中包括对数学语言的感知和解读、对新概念的同化和适应、对阅读材料的理解与记忆等。它不仅仅是一个被动接收信息的过程，更是一个主动思考、分析、推理、想象的认知过程。数学阅读本质上是信息的提取、加工、重组、抽象与概括的过程，由于数学语言的高度抽象性，这一过程要求读者具备较强的逻辑思维能力。在阅读过程中，学生需识别并理解数学术语和符号的含义，准确地根据数学原理分析它们之间的逻辑关系，并最终达到全面理解材料，构建完整认知结构的目的。

在解决应用题时，文字表述通常冗长且覆盖的知识范围广，这使得理解题意成为解答过程的第一大挑战。许多学生因未能充分理解题意而难以顺利解决问题。因此，教师可以采取以下策略来提高学生的阅读理解能力：

1. 增强数据与材料的感知能力和问题形式结构的掌握能力

教育学生如何将实际问题转化为数学问题，通过运用数学知识和方法来解决。这意味着学生需要能够快速识别问题的关键要素，如数据和变量，并运用数学概念和公

式进行分析。

2. 提高阅读理解技巧

教导学生细心阅读题目，对关键句子进行标记，尤其是包含数据和关键词的部分，有助于更好地理解题目。确保每个术语、概念、已知条件和结论都有明确的数学解释，理解它们对所需答案的限制条件。同时，教师指导学生简化问题应使用精确的数学语言翻译复杂的句子，从而使问题变得简洁、清晰。

通过这些策略的实施，学生不仅可以提升对数学阅读的理解能力，还能有效应对应用题带来的挑战，进而提高解决问题的能力。教师的角色在于提供有效的指导和支持，帮助学生逐步建立数学思维，形成独立解决问题的能力。

（三）数学应用意识教学应体现"数学教学是数学活动的教学"

从本质上看，数学不仅仅是关于秩序的科学，更是关于模式的科学。它是一种充满探索、动态且渐进的思维活动，体现了人类对世界的一种理解和表达方式。传统的数学教学往往过于注重逻辑性和规则性，忽略了数学作为一门活动性学科的特性。在这样的教学模式下，数学可能被简化为一系列僵硬的规则体系，而忽视了其内在的创造性和探索性。

为了更加全面地揭示数学的内涵，教学实践应遵循"数学教学是数学活动的教学"的原则，突出"数学是一门模式的科学"。这一原则强调数学活动不仅仅是学习和掌握数学知识的过程，更是一种让学习者经历数学化过程的活动，即通过自我思考和探索，将外部世界的信息或问题转化为数学语言、模型或解题策略的过程。

首先，数学活动是学生经历数学化过程的活动。这意味着在数学学习中，学生不仅要被动接收和记忆知识，更重要的是通过实践活动主动思考、归纳和抽象知识，将复杂的现象、问题或经验转化为数学概念、公式或理论。数学化的过程不仅是对已知数学知识的应用，更是在特定情境下创造性运用，是对知识的再发现和重构。

其次，数学活动是学生自己建构数学知识的活动。从建构主义视角出发，数学学习不再是简单的知识灌输，而是一个主动构建知识的过程。在这个过程中，学生与教材（包括教科书、问题情境等）、教师及同伴之间产生互动，通过交流、讨论、尝试和失败，逐渐内化数学知识，发展数学技能和能力，同时培养数学情感、态度和思维品质。这一过程强调学生作为主体，鼓励他们作为知识的主动构建者，而非仅仅是知识的被动接受者或复制者。

"数学应用"这一概念指的是利用数学知识、方法与思想，对客观世界现象进行深入剖析、组织整理，并最终获得解决问题策略的过程。从广义的角度来看，数学活动自然包含了数学的应用环节。数学应用通常涵盖两个主要方面：一是数学的内部应用，指的是对学生进行数学基础知识体系的系统学习；二是数学的外部应用，即数学如何应用于日常生活、工业生产、科学研究等实际场景之中。数学应用不能等同于"应用数学"，其核心在于教会学生如何将数学知识运用于现实世界，以解决实际问题。

要实现这一目标，数学教育者需摒弃仅讲解数学概念、定义、定理、公式和命题的传统形式化教学模式，而要重视数学概念、定理和命题的产生和发展历程，以体现数学思维活动的教学理念。只有这样，才能在高等教育阶段有效培养学生的应用意识和实践能力。

为了让学生亲历数学应用的过程，数学教学应该围绕以下核心步骤进行设计：从现实生活中的问题或有趣的情境出发，建立数学模型，通过探索寻求解决问题的方法，最后将所获结果应用于实际场景，实现知识的迁移与深化。在实施这一教学方案时，教师需要考虑到学生的认知水平和知识结构，通过一系列观察、操作、思考、讨论等实践活动，引导学生逐步形成数学应用意识，并发展其初步的实践能力。

这个教学过程的关键逻辑：首先，通过具有现实感、趣味性或与学生已有知识相关联的问题，激发学生的兴趣和思考；其次，在解决这些问题的过程中，学生会主动获取新知识、掌握新技能，这些知识和技能反过来又可以有效地帮助解决最初的问题；在此过程中，学生会感受到数学的系统性和整体性，体会到策略选择的多样性，进而强化数学应用意识，提升解决问题的能力。通过这样的教学路径，不仅能够丰富学生的学习体验，还能有效地提升他们的实际问题解决能力，为其今后的生活和职业发展打下坚实的基础。

在实际的教学过程中，我们应该注重以下几个关键点：

第一，要实现思维和问题解决的全面教学，即将新知识融入现实背景中，让教师详细讲解知识的产生背景、演变过程以及其背后的逻辑，鼓励学生从数学的角度出发，自主发现问题，独立分析问题，并尝试探索多种解决问题的策略。在这一过程中，教师的作用在于引导学生按部就班地体验解决问题的全过程，而非单方面地传授知识，确保每个学生都能充分参与到问题解决的过程中。

第二，应深刻理解"由实际问题引入数学概念"不仅是教学的一种手段，而且是培养学生数学思维能力的重要环节。这不仅意味着将现实生活中的问题转化为数学问题的过程，更是一种培养学生将数学知识应用于解决实际问题的实践训练。通过这种方式，学生能够学会将复杂的现象抽象简化为数学模型，进而用数学的工具和技术来分析和解决问题。

第三，对于数学理论的应用教学，不应仅仅局限于加深对理论知识的理解，而是要站在数学应用的高度，着重于理解和探讨数学理论如何被解释、应用到现实问题中，以及这种应用带来的实际意义和价值。通过这样的教学方式，学生能更好地理解理论知识在解决实际问题时的灵活性和实用性，从而提高他们将理论知识转化为实际解决问题的能力。

第四，加强数学应用的教学，旨在拓宽学生的视野，让他们在学习数学的同时，能够看到数学知识在不同领域和实际生活中的广泛应用。这包括但不限于科学、工程、经济、社会学等多个领域的案例分析，通过具体的例子展示数学在解决实际问题中的重要性和实用性。通过这样的教学，不仅能增强学生对数学的兴趣和动力，还能帮助他们培养解决实际问题的综合能力，为将来面对复杂多变的社会环境做好准备。

在设计数学应用的教学活动时，教师应当遵循一系列基本原则，以确保教学的有效性和适应性：

首先，遵循可行性原则。数学应用的教学应当与学生的现有数学知识体系相吻合，与当前教材内容紧密相连，与课程标准相匹配，保持与课堂教学进度的一致。避免过度拓展或加深教学内容，以免增加学生的学习压力，确保所有教学活动都建立在学生的实际学习能力之上。教师应巧妙地选择"切入点"，将理论知识与实践应用紧密结合，鼓励学生在学习过程中主动发现和运用数学知识。

其次，坚持循序渐进原则。根据学生不同年龄段的特点和能力水平，教师应有计划地设计数学应用的教学任务，逐步深化学习内容。比如，对于处于感知和操作阶段的学生，应以日常生活中熟悉的事物为教学背景，提供观察和实践的机会；对于能够理解并表达简单事物性质，能够把握事物之间简单联系的学生，应强调通过实际问题加深对数学知识内部联系的认识，进一步增强学生对数学与现实生活联系的感知；对于已具备一定抽象思维能力和初步推理能力的学生，则可以引导他们利用符号、表达式、图表等数学语言，结合数学与其他学科的知识，探讨更加抽象的问题，以提升其对数学语言的理解能力和应用能力。

最后，注意适度性原则。在数学应用教学过程中，教师应当合理调整教学难度、深度和量度，以适应不同学生的需求。数学应用教学的目标不仅是丰富学生的数学知识储备，解决具体问题，更是培养学生的数学应用意识，提升数学素养和解决问题的能力。因此，教师在设计教学活动时，应灵活运用多样化的教学方法，确保教学内容既不过于简单，也不过于复杂，既能激发学生的学习兴趣，又能让学生在实践中逐渐提高解决实际问题的能力。同时，通过适度的挑战，促进学生思维方式的转变和数学能力的全面发展，数学应用教学达到理想的效果。

（四）激发学生学习数学的兴趣，提高学生的数学应用意识

1. 创设数学情境

在数学教学过程中，教师应积极创设多元化的教学情境，以激发学生的数学兴趣，培养其应用意识和问题解决能力。具体来说，以下几点是构建有效数学情境的关键策略：

（1）利用实际问题引入新课

在授课之初，通过引入与学生生活紧密相关的真实问题，能够打破传统的理论讲解模式，吸引学生的注意力，让他们在解决实际问题的过程中自然引入新知识，这种做法既能提升学习效率，又能增强学生解决实际问题的能力。

（2）在例题、习题教学中融入生活情境

数学与现实生活密不可分，教师应充分利用这一点，将数学知识的教学置于具体的生活场景之中。通过创设贴近学生生活实际的情境，学生能够在情境中发现数学问题，提出解决方案，从而加深对数学概念和原理的理解，激发其探索和应用数学的兴趣。

（3）设计可操作的探究情境

为了让学生更深入地理解数学概念和定理，教师可以通过提供实验材料和问题，引导学生亲自动手操作，如观察、测量、建模等。这样的实践活动不仅能让学生在尝试和错误中逐步构建正确的认知结构，还能帮助他们体验到运用数学知识解决问题的乐趣和成就感，从而更加热爱数学，培养终身学习的能力。

通过上述教学策略，教师不仅能够创造一个充满活力和意义的学习环境，还能够有效地促进学生数学思维的发展，提升其解决实际问题的能力，最终实现数学教育的真正价值。

2. 引导学生感受数学应用价值

在数学教学过程中，教师的任务不仅仅是传授数学的基本概念和技能，更重要的是要启发学生理解数学的深层价值，包括它对人类社会发展的重要贡献以及在各领域的实际应用。数学与科技进步的密切关系，使其在环境科学、神经生理学、生物信息学、医学、航空工程、经济学等多个领域扮演着核心角色。例如，在环境科学中，数学模型用于预测气候变化和资源利用；在神经生理学中，数学分析助力理解大脑功能；而在 DNA 模拟和蛋白质工程中，则是通过数学算法推动生物技术的发展。

了解数学的应用不仅能够帮助学生掌握数学知识，更重要的是能够激发他们对数学的兴趣和好奇心，认识到数学不仅仅是解题技巧的积累，更是解决问题的有力工具。通过了解数学在不同领域的应用实例，学生可以体会到数学的实用性与多样性，这对于增强学生的学习动力和自信心有着不可估量的价值。

在实际的教学实践中，教师可以通过多种方式来增进学生的数学应用意识。首先，教师自身可以收集和整理相关的资料，通过讲座、讨论等形式向学生展示数学在各个领域中的应用，以此来拓宽学生的眼界。其次，鼓励学生主动探索，通过网络、图书馆或专业书籍等资源，搜集并分享数学应用的具体案例，这样不仅可以提高学生的自主学习能力，还可以促进同学间的交流与合作，营造互动共享的学习氛围。这样的教学方法不仅能够加深学生对数学知识的理解，更能在潜移默化中培养他们的创新精神和解决问题的能力。

（五）重视课堂教学，逐步培养学生的数学应用意识

1. 重视介绍数学知识的来龙去脉

数学知识的诞生往往源于人类对现实世界的探索与解决实际问题的需求。学生在日常生活中接触到的各种现象，实际上就是数学知识的直观体现。因此，数学教育不应孤立于课本与理论，而应紧密联系学生的生活实践，利用生活中的实例作为桥梁，帮助学生理解和掌握数学知识。

在数学教学过程中，教师的任务之一就是引导学生深入探索知识背后的故事——数学知识是如何从现实生活需求中孕育而出，以及在实际应用中发挥了哪些关键作用。通过这种方式，学生不仅能更好地理解数学的概念和原理，还能深刻体会到数学与生活的紧密联系，进一步增强学习数学的兴趣与动力。

教师可以结合具体实例，让学生观察和分析日常生活中的数学现象，比如计算费用、规划行程、测量面积等，从而直观地感受到数学知识的实用性和重要性。同时，教师应鼓励学生将课堂上学到的数学知识应用到实际生活中，通过解决实际问题的过程，提升学生的数学应用意识和解决复杂问题的能力。

总之，将数学知识与学生的生活经验相融合，既能丰富教学内容，也能激发学生的学习热情，促进他们形成正确的数学观和应用意识，最终达到培养全面发展的目标。

2. 鼓励和引导学生从数学角度思考，提出问题

从数学的角度审视和描述客观事物与现象，是数学在实际应用中的重要体现。这不仅意味着在解决问题时要主动地运用数学知识与方法，更强调在日常教学中如何将抽象的数学概念与具体的生活实例相结合，使得学生能够在解决实际问题的过程中深化对数学原理的理解。

在数学教学实践中，教师可以通过多种方式来引导学生主动思考与应用数学：

（1）注重数学与日常生活的密切联系

教师可以结合教学内容，将日常生活中的各种问题引入课堂，如计算房价、预算个人开支、规划旅行路线等，使学生意识到数学在生活中无处不在，并能够通过数学方法解决实际问题。这样不仅能够提高学生的学习兴趣，还能够培养他们的生活技能。

（2）强调数学知识与社会的联系

在教学过程中，教师可以适时引入一些与社会现实密切相关的数学问题，比如人口增长模型、资源分配策略、环境污染与可持续发展等，让学生认识到数学在推动社会进步和解决实际问题方面的重要作用。

（3）展现数学与各学科间的联系

通过整合不同学科的知识，教师可以增强学生的学习关联感，促进知识的融会贯通。例如，在介绍数学与医学的联系时，可以探讨 CT 技术背后的几何与图像处理原理；在数学与生物学结合的教学中，可以通过研究细胞生长规律来加深对指数函数的认识。这种跨学科的教学方法有助于拓宽学生的视野，提高其解决问题的能力。

（4）着眼于数学与各专业的联系

针对不同专业的特点，教师可以设计针对性的教学内容，让数学知识成为各专业学生学习的有力支撑。例如，对市场营销专业的学生讲解决策优化理论；对于物流管理专业，通过图论中的路径问题启发学生思考复杂系统中的最优解法；对机电类专业，介绍微积分在分析机械运动、材料强度评估等方面的应用。通过这样的教学安排，不仅能够提升学生的专业技能水平，还能够强化其应用数学解决特定领域问题的能力。

通过上述方法，数学教育不再仅仅是理论知识的传授，而是成为一种工具，帮助学生解决实际问题，培养他们的逻辑思维、创新能力和实际操作能力，最终实现知识与能力的双重提升。

3. 为学生解决实际问题创造条件和机会

学生的学习体验并不局限于学校内部，它还深深地嵌入了家庭和社会这两个广阔的生活场景之中。因此，教师在教育过程中应当积极将这三个生活层面融合在一起，

不仅是在课堂上讲解数学概念，更是要鼓励学生将所学知识应用于真实情境中，以此来激发他们的实践兴趣和探索欲望。

为了达到这一目标，教师可以通过精心设计的活动或项目，让学生有机会在家庭和社区的环境中亲身体验数学的应用。例如，布置与家庭财务管理相关的数学作业，如预算制定、储蓄计划或者投资分析，这不仅能够提升学生对数学概念的实际理解，还能培养他们的理财意识和决策能力。同时，组织社区服务项目，如参与社会调查、规划公共空间布局或协助组织社区活动，让学生在解决实际问题的过程中应用数学知识，从而提升他们对数学原理的认知水平。

此外，鼓励学生走出课堂，参与到实地考察、实验研究或社会实践活动之中，也是培养数学应用意识的有效途径。通过参观科技展览、参与科研项目或解决社区遇到的数学问题，学生们可以在真实情境下感受数学的力量，体验知识是如何转化为解决实际问题的工具的。这样的实践经历不仅能够增强学生的学习动力，还能培养他们的团队合作精神、批判性思维能力和创新能力。

第三节　数学建模与大学生创新能力培养

一、数学建模概述

人类文明的每一个重要进步，都离不开数学这门基础科学的支撑和推动。从远古时期结绳记事的简单计数方法，到今天利用复杂的电子计算机指挥航天器探索宇宙，数学一直是人类理解世界、改造世界的强大工具。无论是摩天大楼的稳固矗立，还是海洋中的石油钻井平台稳定运作，或是绕行太空的人造卫星精确运行，都是数学智慧的体现。

随着计算机科学的迅猛发展，数学的角色更加多元和深入，它不仅作为一门纯粹的学科，同时成了一种核心技术。现代科技的发展呈现高度的定量化特征，这意味着在科学研究和工程实践中，越来越多的问题需要通过数学的思想和方法来解决，实现精确化、系统化和高效化的目标。定量思维成为现代科技工作者的必备技能之一，它涵盖了从提出实际问题、抽象为数学模型，到利用数学计算获取解决方案，再到将结果应用于现实场景并根据反馈迭代优化模型的过程。

（一）模型

《辞海》对"模型"有三个释义，各具特色。第一项释义聚焦于模型与原型的概念关系，模型被视为原型的替代物，具有与原型相似的特征和属性，通常用来研究和理解复杂的实体或过程，提供简化、抽象或类比的表述方式。这种模型适用于广泛的学科领域，旨在揭示事物的本质特征或行为规律，帮助人们以直观的方式进行分析和决策。

第二项释义描述的是实物构成的模型，这类模型通过复制、缩小或放大现实中的物品或场景，用于展示、观察、绘画、摄影或实验等目的。它们由木材、石膏、混凝土、塑料、金属等材料制成，旨在直观呈现对象的外观和结构，常用于教育、设计、艺术创作和研究的准备阶段。

第三项释义涉及数学模型的概念，指的是一个数学结构，它能够使一组数学公理或公式中的每个表达式在该结构内部都被解释为真实。这是数学逻辑和数学基础领域的专业术语，属于理论层面的模型化思考，侧重于逻辑关系和形式化规则的运用。

在这三项释义中，当我们讨论数学建模时，实际上指的是第一项释义下的模型概念。数学建模涉及创建一个数学模型，它是对研究对象（系统、过程等）的简化、抽象或类比表示。这样的模型保留了对象的主要特征和行为规律，但进行了简化处理，以便于应用数学工具进行分析、预测和优化。数学建模的目的在于帮助理解和解决问题，特别是在工程学、经济学、生物学等领域，通过建立数学模型，可以对复杂系统进行模拟，从而揭示其内在机制，指导决策制定和策略规划。

（二）数学模型

按照《辞海》中关于"模型"的第一项释义及其后续阐述，模型的构建和分类遵循着特定的原则和逻辑。模型根据其代表原型的方式不同，主要可以被区分为实体模型和理想模型两大类。

实体模型是指通过实际存在的物体来表现原型特征的模型，这些物体具有体积和重量，可以通过触摸感知其形状、大小及质地。此类模型进一步细分为两种类型：外形相似模型，这类模型在外形上与原型高度相似，如用于风洞试验的飞机模型；实质相似模型，尽管模型的材质与原型不同，但在功能和工作原理上与原型保持一致，如不同大小的飞机模型在实验环境中模拟飞机的行为。此外，还存在不同材质、功能相似的模拟模型，它们可能在某些方面有所差异，但总体上服务于同样的目的。

理想模型则是一种理论模型，它是基于理论需求或理论推演而构建的模型。这类模型在现实中可能并不存在，但在理论研究和假设验证过程中可发挥关键作用。例如，在原子结构研究中，"太阳系模型"用来形象化地解释原子的组成和运动规律；在经济学中，"理性经济人模型"描绘了一种理想化的个体决策模式；在生物学中，"双螺旋模型"揭示了 DNA 的结构；而在物理学中，"刚体模型"简化了物体的力学行为，便于分析和计算。

物理模型是利用具有客观存在物质建构的模型，包括但不限于实体模型，以及那些涉及具体物质和实际操作的模型。例如，通过使用电流、电场或电子流等构建的仿真模型都属于物理模型范畴。理想模型，尤其是那些依赖数学工具和方法构建的模型，也被视为物理模型的一部分。

与上述两类模型相对，数学模型是基于数学语言和逻辑，通过对原型系统特征或数量依存关系的抽象概括，形成的一种数学结构。数学模型的核心目的在于提供一种通用的框架，用于描述和分析实际问题，从而帮助人们理解和预测系统的动态行为。

采用数学模型解决问题的整个过程被称为数学建模，它不仅限于直接将数学方程式与实际系统相对应，还涉及模型的选择、建立、验证和应用等多个步骤。

简而言之，数学模型是一种运用数学语言构建的理想模型，它旨在通过数学手段解决现实世界中的问题，通过建立模型，可以简化复杂系统，揭示内在规律，预测未来趋势，从而为科学研究、工程实践和社会决策提供有力支持。

（三）数学建模的应用

数学建模在国民经济和社会活动的各个领域发挥着至关重要的作用，涵盖了从理论分析到实际设计的范畴。在医药行业中，数学模型通过精确地描述药物浓度在人体内的变化规律，帮助科学家和医生深入理解药物的吸收、分布、代谢和排泄过程，进而评估药物的疗效与安全性。这一过程不仅对新药的研发至关重要，也为已上市药物的临床应用提供了科学依据。

在航空航天领域，数学模型被用于构建跨音速空气流动和激波效应的理论框架，为设计新型飞机翼型提供依据。通过计算机辅助的数值模拟，工程师能够优化气动性能，提高飞行效率，同时减少噪声污染和燃油消耗，这是推动航空技术进步的关键环节。

在工业生产中，数学模型被用于建立质量预测模型，以确保产品符合严格的质量标准，并通过数据分析优化生产流程，提高效率，降低成本。无论是气象预报、人口预测、经济增长预测，都需要准确的预报模型，帮助决策者制定长期战略规划，把握未来发展趋势。

在经济学领域，数学模型被用来设计使经济利益最大化的价格策略，以及制定最经济高效的设备维修方案。通过分析成本效益关系，企业可以实现资源的最优配置，提升整体运营效率。

在能源生产和化工制造过程中，数学模型用于实现最优控制和参数优化，如电力系统的调度、化工工艺的流程控制等，这些模型帮助工程师寻找资源消耗最小、产出最大的解决方案，实现可持续发展。

随着技术的不断进步，构建和应用大系统控制与优化的数学模型成了一个既充满挑战，也极具前景的领域。这类模型对于实现复杂系统内部分析、协同工作和资源高效利用具有重要意义，是推动科技进步和产业升级的关键。

此外，数学模型在解决社会管理问题上也大显身手，如生产计划、资源配置、运输网络规划、水库优化调度、排队策略和物资管理等领域。通过建立运筹学模型，管理者能够进行精细化决策，提高资源利用效率，优化服务流程，增强系统的整体协调性和响应能力。

（四）数学建模的原则

由数学建模原理可知，数学建模是一个认识过程、经验选择过程和数学过程。针对不同的过程可以得到数学建模的原则，由原则保证数学建模的顺利实施。

1. 反映性原则

数学建模本质上是一种认知活动，数学模型作为对现实世界的抽象表达，其核心在于与实际对象之间存在某种形式上的"相似性"。这种相似性并非指物质载体的直接对应，而是聚焦于数学模型所揭示的形式和关系与原型问题之间的内在关联。

在进行数学建模时，并非所有可用的数学工具（包括数学理论或是数学表达式）都适用于特定情境下的问题构建。选择数学模型时，关键在于判断其与待解决问题之间是否具备足够的"相似性"，即模型能够准确捕捉并反映原型问题的核心特征与动态关系。只有那些与目标问题在结构、行为模式及逻辑关系上展现出相匹配特征的数学工具，才有可能成为构建该原型问题数学模型的有效途径。这要求建模者具备深刻的理解力和丰富的想象力，能够在复杂多变的现实世界与简洁明了的数学语言之间架起桥梁，精准地将现实问题抽象化为可操作、可计算的数学形式，从而揭示隐藏在表象背后的规律与机理。

2. 简化原则

现实中的原型往往是复杂的，包含了众多因素和变量，涉及不同层次的系统运作。进行数学抽象时，首要任务是筛选并保留与原型系统空间形式和数量关系相关的要素，摒弃那些非必要的细节，因此，数学模型总是相对原型进行了一定程度的简化。一般情况下，构建的模型不会比原始问题更加复杂，而是在维持一定精度的同时，追求更为直观、易于理解和处理的形式。

在构建数学模型的过程中，遵循的是选择最简化又不失精确性的原则。当面对多个与原型相似的数学理论或表达式时，会选择那些既能解决问题又简练的模型。例如，优先考虑变量较少、阶次较低或线性关系的模型，这样的选择旨在通过简化模型来提升理解和分析效率，同时保证模型的通用性和适应性。

这一过程不仅促进了原型领域的知识发展，也推动了数学学科的进化。数学建模不仅仅是将原型领域知识转化为数学语言的过程，它还催生出新的跨学科知识，将原型领域的具体问题与数学的理论框架紧密结合，形成了既有实践价值，又具理论深度的知识体系。从原型领域视角来看，这是科学的数学化；从数学角度来看，则是数学科学的深化和发展。这种双向促进构成了现代科学研究的重要方向，体现了理论与应用之间的密切互动与融合。

3. 可演原则

在数学建模中，创新尤为关键，特别是在遇到缺乏现成模型的情况时。此时，需要创造出全新的数学模型，可能以一个未曾出现过的数学符号组成的方程式，或是基于算法设计的新型程序，来解决特定的原型问题。这样的创新是否能形成新的数学知识，关键在于能否从这些模型中推导出明确、可应用于原型的结论。如果所创建的数学模型无法在数学层面被演绎，无法产生确定的、适用于原型分析的结果，那么这个模型本质上是无意义的。

反之，若能够从模型中推导出清晰、确凿的结果，并且这些结果能够用原型领域的语言来解释，说明原型问题已被有效解决，那么这个数学模型不仅是有意义的，更具备了作为数学知识与原型领域知识的双重创新性。它不仅推动了理论的深化和发展，也为未来的应用提供了强有力的数学模型基础。这种通过创新建立的数学模型，不仅是数学发展的重要途径之一，也是推动各领域研究进步的关键驱动力。

（五）数学建模的意义

1. 数学建模是科学中运用计算方法的基础

计算方法在现代科学界的重要性已经达到了与实验方法和理论方法并驾齐驱的地位，成为现代科学研究的第三大通用科学方法。这一方法不仅在自然科学、技术科学等领域发挥着核心作用，在经济学、思维科学乃至人文学科的研究中也展现出了巨大的价值。实际上，现代科学的进展与繁荣在很大程度上得益于计算方法的不断革新与应用，现代高技术更是紧密依赖于数学技术的发展。

计算方法之所以能在各类科学中得到广泛应用，关键在于每个科学领域都构建了与其问题相适应的数学模型。构建数学模型的过程实质上是将复杂的问题转化为数学语言描述的过程，使得原本难以直接操作或理解的问题可以通过数学工具进行分析和解决。这意味着，在运用计算方法之前，首先要做的就是将研究对象的特性、行为或现象转化为数学表达的形式，从而使得计算过程成为可能。这一转化不仅简化了问题，还为利用先进的数学工具和算法提供了一个框架，大大增强了解决问题的能力和效率。因此，可以说，数学模型的构建是实现计算方法应用的基础，也是现代科学研究不可或缺的一部分。

2. 数学建模是数学成为人类文化的重要组成部分的关键

数学作为人类文化的核心元素之一，其重要性在于它与人类文明和科技进步的紧密关联。随着现代信息技术的迅猛发展，数学的应用领域不断扩展，渗透至社会生产的各个环节，以及日常生活的方方面面。数学，作为对自然界现象进行抽象化和概括化的科学语言与工具，构成了自然科学和技术科学的基石，并在人文科学与社会科学中扮演着重要的角色。

自20世纪中叶以来，数学与计算技术的融合在诸多领域产生了巨大的实际价值，显著地促进了社会生产力的发展。无论是在哪一门科学或学科的研究中，构建数学模型始终是关键步骤。计算方法与计算技术的结合，实际上是指利用数学建模的方法和计算能力来解决实际问题。数学建模是整个过程的核心，而数学语言与数学工具则提供了解释和处理问题的基本框架，无论是在何种文化背景下，数学建模都发挥着至关重要的作用。

3. 促进了数学科学的发展和各门科学的综合

数学科学的形成和发展，得益于数学自身的深邃与广泛的应用，其内涵涵盖了核心数学（或纯粹数学）、应用数学、统计学、运筹学等分支，同时深入拓展至理论计算机科学等跨学科领域。数学科学与生物、生态、工程、经济等众多科学及工程、医学、商业（如金融和市场营销）等领域的结合愈发紧密。数学科学的核心力量体现在其共享的基本概念、成果和不断探索的方式上，这些成为连接全球数学家的纽带，同时是推动数学科学发展不可或缺的动力。

数学建模构成了数学科学的基础。随着数学建模的不断发展和完善，数学科学也随之繁荣。数学建模不仅提供了理解现实世界复杂现象的有效途径，也促进了数学科学与其他学科的交叉融合，为不同科学领域之间的综合研究开辟了新的路径。在各种科学模型中发现和应用数学原理，不仅加强了学科间知识的整合，还催生了跨学科研究的新趋势，符合现代科学研究中强调综合性与多学科融合的发展方向。总之，数学建模作为数学科学的基础，其持续演进和广泛运用，不仅丰富了数学科学的内涵，也极大地推动了现代科学的整体进步。

二、数学建模与创新能力培养

培养高质量的人才，不应仅传授知识和技能，更应激发学习兴趣，培育创新精神。现代教育面临的挑战是如何在传统的逻辑思维和推理训练之外，融入实际问题解决的数学模型构建、实验操作及利用先进技术的能力培养，从而全面提高学生的学习积极性、求知欲、创新能力和意识。

在高等数学的教学实践中，传统模式往往侧重于基础知识的传授、公式推导、定理证明及应用能力的培养，这种教学方式确实在某些方面取得了成功。然而，单纯的知识灌输难以激发学生内在的学习动力和创新潜能。要真正提升教学质量，培养学生的创新意识与能力，需要教师的创新探索和实践。

近年来，中国高等教育界积极响应这一要求，大力推广数学建模和数学实验课程，取得了显著成效。这些课程旨在帮助学生将抽象的数学知识与具体问题相结合，通过建立数学模型来解决实际问题，这不仅加深了学生对数学理论的理解，更锻炼了学生解决复杂问题的实践能力。

（一）培养学生创新能力的必要性

随着全球科技的发展，创新已经成为推动国家经济与社会进步的核心驱动力。我国正处在知识爆炸与科技快速变革的时代背景下，亟须塑造并培养出一个具备强烈创新精神与实践能力的人才群体。青年学生群体展现出独立思考的天性和对新鲜事物的热衷，青年时期是培育学生创新意识与提升学生创新能力的黄金时段。高校作为培养高素质人才的主阵地，应当充分把握这一特性，设计并实施一系列创新教育策略与实践项目，旨在激发学生的好奇心与创造力，引导他们勇于探索未知领域，实践创新思维，从而为社会输送具有前瞻性和实践力的创新型人才。

（二）培养学生的数学建模创新能力

1. 数学建模活动可以改变学生对数学学习的认识，提高其学习数学的兴趣

数学课程的核心在于构建数学概念、方法与理论体系，这一传统框架在长期的教育实践中形成了固定的教育模式。在这一模式下，定理、公式与方法的传授通常被理解为一个严谨而标准化的过程，虽然这有助于学生积累数学知识，但也往往强调记忆

与应试技巧，导致学生学习的数学知识更多地局限于考场，缺乏实际应用价值。这一现状导致一些学生产生误解，认为数学学习对于未来职业发展并无太大帮助，进而降低了学习动力。

数学建模则为这一僵化局面提供了一种全新的视角，它致力于将抽象的数学知识与具体的问题情境相结合。在建模过程中，学生需通过观察、分析现实问题，提炼关键要素，形成数学模型，进而利用数学工具解决问题。这一过程不仅考验学生的数学基础，更重要的是培养其问题解决能力、创新思维及逻辑推理能力。通过构建模型、求解、验证和修正等步骤，学生可以直观地感受到数学在解决实际问题中的实用性和有效性，体会到数学与现实生活、其他学科之间的紧密联系，进而认识到数学不仅是抽象符号的堆砌，更是解决问题的强大工具。

为了激发学生的学习兴趣和潜能，我们需要转变教育观念，将数学教学与实际应用紧密结合，让学生看到数学的价值所在。通过数学建模等实践活动，我们可以增强学生的应用意识，使他们意识到数学知识就在身边，存在于日常生活和各种专业领域之中。这种实践导向的教学方法能够显著提升学生的学习积极性，促进其主动探索和应用数学知识，从而在更广泛的层面上发挥数学教育的作用。

2. 通过数学建模活动提高学生自学能力和综合应用知识能力

在数学建模这一复杂且富有挑战性的活动中，学生们不仅要运用特定领域的专业知识，还要灵活掌握一系列数学方法、微分方程的解法、运筹学原理、计算机编程技术及数学软件的使用技巧。全面掌握所有这些技能对任何一个个体来说都是极具挑战性的任务。因此，在数学建模的教学与培训阶段，教师们通常只能教授一些基础的经典方法和实例，以确保学生能够建立起基本的概念框架和操作流程。

面对正式的比赛，参赛队伍首先要根据队伍成员的优势和特点，从给出的两个问题中做出选择，确保所选题目最有可能被团队有效地解决。其次，团队成员需要广泛搜集信息资源，包括教材、学术论文及网络上的资料，以寻找适用于解决问题的方法和前人已解决类似问题的案例。在此过程中，学生需要学会识别和提取可用于解决当前问题的关键技术和策略。

在实际比赛中，每支队伍的三名成员必须遵守严格的保密规定，不得与其他参赛者或指导教师进行任何形式的沟通，这包括询问或分享问题解决方案。当面临难题时，团队成员只能依靠内部讨论、自我学习和不断尝试来寻求突破。这样的比赛环境，极大地提升了学生们的自主学习能力和信息检索技能，使其在处理未预知问题时更加得心应手。

通过参与数学建模比赛，学生不仅能够提升解决复杂问题的能力，还能增强团队合作、批判性思考和创造性解决问题的技巧。这些综合技能对学生们在未来面对复杂挑战性工作时，都将有巨大的帮助与价值。

3. 数学建模可以培养学生利用计算机处理数据的能力

数据，作为当今 IT 行业最为炙手可热的关键词汇，其伴随而来的数据仓库、数据安全、数据分析、数据挖掘等领域正日益成为业界竞相追逐的利润增长点。数据时代的到来，催生了数据分析这一崭新领域。借助计算机及其配套的数据处理软件，我们可以高效地解决复杂的计算问题、处理繁复的数据统计和分析工作。若单凭人力来进行此类计算，其复杂性和工作量往往超乎想象。此外，计算机还能够以更为直观的方式展现数据，从而提供更易于理解的可视化信息。

通过数学建模，学生不仅可以提高使用计算机处理数据的能力，而且能够培养对数据的理解、分析与应用能力，这些都是当前社会亟须的核心技能。数学建模过程不仅涉及理论知识的学习，更强调将抽象概念转化为实际问题的解决策略，这对于提升学生利用计算机工具解决现实世界问题的能力具有重要意义。在这个过程中，学生不仅能够掌握数据处理的实用技能，还能够培养逻辑思维、问题解决和创新思维能力，这些都是在数据时代背景下不可或缺的竞争力。

高校数学教学设计基础

第一节　数学教学设计目标与分析

一、数学教学设计应关注的问题

数学方程式式教育理念在数学教学中强调，教师需充分发挥数学的育人作用，既关注全体学生，也重视个性化教学。其核心目标在于培养学生的全面科学素养、深化社会文化理解并形成良好的数学品质。为此，数学教学应坚守以下原则：全力培育学生掌握并灵活运用数学知识的态度与技能，激发他们的创新思维潜能，教导学生学会自主学习，为他们未来的终身学习奠基，促使学生拥有强烈的学习动力，养成优良的学习习惯，并掌握科学的学习策略。同时，这也要求教师在提升自我专业能力的同时，持续优化教学方法，从而实现教学相长。

（一）从"注重知识传授"转向"注重学生全面发展"

回溯 21 世纪以来数学教学的发展历程，我们不难发现其主线从强调知识为核心逐步过渡到侧重智力开发，最终落实到"以人为本"。现代数学教育的目标是全面提升学生综合素质，贯彻"以人为本"的理念，这意味着数学教学不再仅仅是知识的灌输，还在"用教材教"的基础上，充分挖掘数学的育人价值，实现育人目的。这一转变强调了培养学生的创新实践能力、信息收集处理能力、新知获取能力、问题解决能力和交流合作能力，旨在确保每个学生具备健康的心理状态和优良的道德品质，拥有持久学习的动力与能力，培养良好的审美情趣和生活态度，最终实现全体学生的全面发展和个人潜力的最大化发掘。

（二）从"以教师为中心"转向"以学生为主体"

在探讨一堂数学课程的有效开展时，我们需注意到传统教育模式中往往存在教师主导、学生被动接受的局面，这种教学方式可能导致学生学习积极性的减弱，习惯于机械式记忆而非主动思考，只学会了"答案"，而缺乏提问的意识与勇气，自然无法在知识的基础上拓展为"学问"，更无从谈起创新思维的培养。现代教育理论不仅要求教师具备良好的教学技巧与教学热情，同时也应激发学生的学习兴趣与自主性，即所谓的"善学乐学"。因此，在教学设计中，教师应当从如何引导学生有效学习的角度出发，转变角色定位，由知识的传递者转变为学生学习过程的指导者与支持者。这样的转变意味着，教师需要设计能够激发学生好奇心与探究欲的教学活动，鼓励学生主动提问，勇于探索未知，从而在互动与合作中增进理解，促进思维能力的发展，最终达到培养创新意识和创新能力的目的。

（三）从注重"教学的结果"转向"教学过程与效果并重"

在传统的教学模式中，我们往往过于注重结果的呈现，教师倾向于直接教授结论，而忽略了知识形成的历史背景、逻辑推理及思维过程。这种方式容易导致学生只是被动地接收信息，缺乏深度理解和主动探索的能力，长此以往，他们可能仅仅掌握了零散的结论，而无法真正理解和运用知识。

与此相对，强调过程的教学方法旨在改变这一现状。它主张在教学活动中展示数学知识从发现到创新的整个历程，鼓励学生参与到这一过程中，亲历知识的生成过程。具体而言，这一方法有以下三个步骤。

1. 感知阶段

教师引导学生接触新知识或问题情境，激发他们的兴趣和好奇心，使学生能直观感受到问题的存在或重要性。

2. 概括阶段

在此阶段，学生在教师的指导下，通过观察、分析、比较等方法，从感知到的信息中提炼出规律或原理，形成对新知识的理解。

3. 应用阶段

最后，学生将所学的知识应用到实际问题解决中，通过实践验证和深化对知识的理解，提高解决问题的能力。

通过这种方法，学生不仅能够获取知识，更重要的是，他们的思维能力和问题解决能力得到了培养，这为未来的学术探索和实际工作打下了坚实的基础。这样的教学策略有助于构建起一种既增长知识又发展能力的学习环境，实现知识与技能的双重提升。

二、数学教学设计的一般步骤

数学教学设计的一般步骤：确立教学目标、分析教学任务、了解学生、设计教学活动等步骤。

（一）确立教学目标

在进行数学教学设计时，教师应当秉持以学生发展为中心的理念，着重关注教学活动对学生实际能力提升的影响，而非仅仅聚焦于"教什么"和"学什么"这类基础层面的问题。这实际上意味着教学目标的设定需要围绕学生的全面发展来展开，具体而言，就是通过数学教学帮助学生实现以下目标：

1. 能力提升

让学生能够在解决数学问题的过程中，提高逻辑思维、分析与综合能力，以及抽象思考的能力。

2. 数学思想方法

注重培养学生对于数学思想和方法的深刻理解与应用，如归纳、演绎、类比等，这些是解决复杂问题的重要工具。

3. 数学基本认识

促进学生建立正确的数学观，认识到数学不仅仅是数字和符号的操作，更是逻辑严谨、结构清晰的知识体系。

4. 解决问题能力

鼓励学生运用所学知识去解决现实生活中的问题，培养其实践应用能力和创新思维。

明确教学目标的过程实质上是对教学活动预期成果的明确化和规范化，这一目标的定位直接影响到教学设计的每一个环节。不同的教学目标定位会导向不同的教学策略、教学内容选择和教学评价方式，进而影响到学生的学习体验和学习成效。

因此，教学目标不仅是教学设计的起点，也是整个教学过程的向导，它不仅要求教师关注知识传授的表面效果（如对知识点的掌握程度），还强调对深层次能力、素养和情感态度的培养。通过这样的教学目标设定，我们可以有效指导教师在备课、授课和评估学生学习成果时，始终聚焦于学生的核心素养提升，确保教学活动的高效性和针对性。

（二）分析教学任务

教学任务是实现教学目标的实践性载体，两者相辅相成。理论性的教学目标侧重回答"为什么教与学"的根本性问题，而实践性的教学任务则聚焦于具体"教、学什么"，即教学主题的选择与设定，特别是对主题的重点与难点进行明确。学生在学习过程中，更关注的是如何有效推进学习进度，如何顺利达成既定的教学目标，以及学习资源如何紧密围绕主题进行组织与呈现。

为了有效设计教学活动，教师需深入剖析所教授单元或课题的核心学习主题，并充分理解各个主题之间的内在联系及其与实例、习题间的递进关系和难度层级。这样，教师能够精准定位教学重点，合理规划教学流程，使教学活动既有系统性又具有针对性，从而更好地引导学生达成学习目标，促进学生在知识、技能和素养上的全面发展。通过细致入微的教学设计，教师不仅能够提高教学效率，还能增强学生的学习兴趣和参与度，为实现高质量教育目标奠定坚实的基础。

（三）了解学生

学生进入数学课堂之时，就像是未被书写的白纸，教师的教导如同笔墨，赋予了其知识与思考的色彩。实际上，每位学生对于数学都已形成了初步的认识，并且这种认识在其学习新内容的过程中不断丰富与调整，甚至形成特定的学习行为模式。因此，深入了解学生对于数学教学至关重要。

首先，教师需考量学生是否具备进行教学活动所需的基础知识、技能及数学思维方式。然而，这仅是基础。其次，教师还需深入探究学生的思维发展水平、认知特点、对数学价值的理解及在数学学习中的个体差异。

这些是实施有效数学教学的前提。通过掌握这些信息，教师可以更加精准地设计教学策略，确保教学活动既满足学生当前的知识水平，又能激发其潜能，促进其认知结构的优化和深化。同时，关注学生的学习差异，教师能提供个性化指导，帮助每一个学生在数学学习中找到最适合自己的路径，从而实现全面发展。这样的教学方式不仅能提升学生对数学的兴趣，更能培养其独立思考与解决问题的能力，为他们的终身学习打下坚实基础。

（四）设计教学活动

基于对学习的分析和对学生的了解，教师可以展开具体的教学活动（过程）设计。当然，单元教学活动的设计，主要关注具体教学活动的顺序、侧重点，各个教学环节的学时安排及具体素材的选取要求等。

三、大学数学教学设计的目标与分析

（一）数学教学设计的前期分析

1. 学生特征分析

（1）一般特征分析

学生的一般特征指的是那些与数学学科内容本身并无直接联系，却显著影响学生学习过程与成效的因素，涵盖了学生的生理、心理及社会环境等多个维度。在这一分析框架中，学生个体的特性，诸如年龄、性别、认知发展阶段、学习动机、生活经验乃至家庭和社会背景，都是关键考虑因素。

特别值得注意的是，对认知发展特征的分析极为重要，因为它揭示了学生当前的认知水平与处理新知识的能力之间的关联。认知被理解为个体获取和应用知识的过程，而认知发展则是一个动态概念，指的是个体随时间变化而增强的获取知识和解决复杂问题的能力。

具体而言，学生认知发展特征分析主要聚焦于以下几个方面：

年龄阶段的一般认知发展：不同年龄段的学生在认知能力上展现出明显的差异，如从具体操作性思维向抽象逻辑思维过渡的过程，这一转变直接影响到学生如何理解和吸收数学概念。

数学认知发展的特点：我们不仅需要关注认知发展的一般规律，还需要特别研究数学领域的特殊认知挑战，比如对数量关系、空间关系和逻辑推理的理解与运用。

认知发展的总体水平与一般特征：评估学生在不同认知领域（如记忆、注意力、问题解决能力等）的表现，以此预测学生在数学学习中的潜在优势与挑战。

认知发展的条件与机制：探索哪些因素能够促进认知发展，例如良好的教育资源、有效的学习策略、积极的学习态度等，以及这些因素如何作用于学生的数学学习过程。

认知结构：分析学生是如何组织和利用已有知识来构建新的知识结构，以及这一结构如何支持或限制学生对数学新概念的掌握。

针对以上方面，学界已积累了许多研究结论，提供了丰富的理论依据和实证数据，有助于教育工作者更精准地理解学生个体差异，设计更具针对性的教学策略，从而有效提升数学教育的质量和效果。

（2）学生起点水平分析

学生起点水平，指的是他们在探索新知识之前所具有的知识积累及心理发展状态，它是教育旅程中的起点。将教学目标视为教育的终点，学生起点水平则是通往这个终点的起点。进行学生起点水平分析，旨在精准定位教学的起始点。对于数学学习来说，这一起点包含了学生在学习新知识时已掌握的基础知识、技能及他们对于数学内容的理解程度和学习态度，即数学学习的心态或倾向。通过深入理解这些元素，教育者能够设计出更符合学生当前情况的教学策略，有效提升学习成效。

（3）学习风格分析

学生进入学习时，携带了独特的学习特征，其中学习风格是一个至关重要的方面，它涉及学生学习方式和偏好上表现出来的个性特点及一致性。为了使教学更加契合学生的特点，深入理解并分析学习风格至关重要。我们需要关注学习风格的几个主要构成因素，以及它们是如何分类的。

在感知或接受信息方面，学生可能更倾向于动态视觉刺激，享受听觉输入，偏爱阅读印刷材料，或者喜欢多感官协同作用的学习体验。不同学生对刺激的偏好各异，这对教学策略的制定至关重要。

在情感需求层面，有些学生可能需要持续的鼓励和认可来维持动力，而另一些学生则能够自我激发动机，并表现出坚持和责任感。理解学生的情感需要，有助于提供支持和激励，保持积极的学习态度。

在社交需求方面，学生可能偏好群体学习，寻求同伴的赞赏，或者从同龄人身上获取学习灵感。教师可以通过小组合作、同伴辅导等方式满足这些需求，形成合作学习氛围。

环境和情绪需求涵盖了学生对学习环境的偏好，如安静的环境、特定的背景音乐、适宜的光线、稳定的温度、放松的零食、视觉隔离，以及特定的时间和空间偏好。这些偏好对学生集中注意力和提高学习效率有直接影响。

认知风格，尤其是关于学生如何处理信息，也是学习风格分析的重要部分。其中，概括者和列举者的区分尤为重要，前者更关注整体概念，后者更侧重细节分析。了解学生的认知风格，教师可以有针对性地调整教学方法，以适应不同的学习偏好。

总之，通过深入理解上述各个方面，教师可以更好地识别和适应学生的学习风格，采取更加个性化、高效的教学策略，从而提高教学效果，促进每个学生的学习潜能充分发挥。

2. 教学内容分析

（1）教学内容分析的意义

教学内容是实现教育目标的核心，它是教育行政部门或培训机构有计划安排的学生系统学习的知识、技能和行为经验的集合。这一内容不仅是教学活动的基石，更是达成教学目标的关键载体。教学内容的构建不仅包括教师内心预设的课程框架和课堂互动中自然生成的知识与经验，同时也涵盖教师对教材的二次创造与个性化加工，这不仅体现了教学的灵活性，也反映了教学艺术的创新性。

在教学内容的设计与选择上，教师需遵循一系列关键步骤。首先，教师依据课程标准，深入剖析教材内容，把握其整体结构与知识体系，从而理解单个教学内容在不同教学阶段（如单元、学期、学段）中的价值与特性。其次，教师需要洞察教材的编写思路、知识结构的特点及各部分间的相互联系，以确保教学内容的连贯性和逻辑性。最后，教师确定教学的重点与难点，为教学目标的设定提供明确的依据。在这一过程中，我们对难点的分析不仅要揭示其"是什么"与"怎么做"，更要探明其背后的"为什么"，这不仅有助于教学策略的精确制定，也为教学活动的顺利展开扫清了障碍。

数学教材作为数学教学中的重要资源，承载着数学知识的系统化呈现与传递。它是按照特定的课程目标，遵循科学的教学规律精心编排的数学知识理论体系，对于数学教学活动而言，其具有不可替代的地位。为了提升数学教学质量，数学教师应深入研究和分析教材，准确理解教材中的每一个知识点在整本书、整章节中的定位，从宏观视角把握教材的编写意图，清晰理解教学目标与要求，避免课堂教学流于表面、缺乏深度、难以达到预期的教学效果。

数学教材的分析能力不仅体现了一位教师的专业素养，更是其教学艺术与创新能力的体现。通过对教学内容的深入分析，教师能够更好地把握教材的精髓，灵活运用教材资源，创造性地组织教学活动，为学生提供丰富且具挑战性的学习体验。这种能力的培养不仅有助于提升教学效果，也是促进数学教师个人专业成长的有效途径。

然而，在实践中，不少教师忽视了对教学内容的精细分析，未能充分理解教材在教学体系中的角色与作用，未能从整体上把握教材的逻辑与结构，未能准确领会教学设计的初衷，这导致课堂教学往往停留在基础层次，缺乏深度和广度，无法充分激发学生的学习兴趣与潜能，从而影响了数学教学质量的提升。因此，深化对教学内容的理解与分析，对于提高教学效率、促进教学质量的全面优化，乃至推动数学教师的职业发展具有极其重要的意义。

（2）教学内容分析的基本要求

要有效地理解和运用教材，教学工作者应采取以下三个关键步骤：

第一步，深入了解并研究相关标准，全面理解教材的编写理念及其目标和要求，以此作为指导思想。

第二步，从整体角度审视教材，把握其全局架构，明确各个章节和小节在教材中的位置、功能及与前后章节的内在联系，构建一个有机的、完整的知识体系。

第三步，深化对教学内容的理解。除了基础知识外，教学工作者还应探究相关数学概念的背景历史、演进过程及与其他学科知识的关系，并探讨这些知识在实际生产和生活中的应用，通过这样的方式增强教学内容的丰富性和实用性。通过这三步，教学工作者可以更深入、更全面地掌握教材，提高教学质量。

（二）课堂教学目标的确定

1. 课堂教学目标确立的依据

确立课堂教学目标必须从教学目的、学校教学目标、课程目标及课程单元目标等整个目标系统入手，使课堂教学目标的确立系统化、科学化、具体化。

（1）教学内容及其特点

教学内容及其特点在课程单元乃至整个学科中的地位和作用，以及与前后知识的联系等是影响课堂教学目标设立的内在的重要因素，它直接决定着课堂教学目标的水平层次。一般来说，对于与前后知识联系紧密、影响后续学习的内容，或在知识创新过程中具有重要意义的那些知识内容或方法，教学目标应有较高的要求，如灵活运用、综合应用、领悟等；对后续学习影响不大或一些繁、难、偏的内容，要求应相应地低一些。

（2）学生实际

课堂教学目标的设立必须考虑学校教学目标、教学目的、课程目标、课程单元目标及教学内容的特点。这使得课堂教学目标具有一定的客观性，从而使得不同的教师针对同一教学内容所制定的课堂教学目标具有共同的参照系，这为评判课堂教学目标的"目的性"提供了一个客观的基础和标准。然而，课堂教学目标的达成是以行为主体的行为表现来衡量的。因此，作为行为主体的学生是设立课堂教学目标重要的、不可或缺的关键因素。传统的课程理论和教学理论，由于过分强调课程和教学的客观性要求，是一种"无人"的理论，已经受到时代的猛烈抨击。教学必须为学生发展服务，学生已有的知识经验、认知能力和习惯、生理、心理发展水平等是制定课堂教学目标的重要依据。

2. 课堂教学目标确立的要求与方法

（1）课堂教学目标确立的要求

课堂教学目标的设立对确保教学活动的有效性和针对性至关重要。在设定课堂教学目标时，我们应遵循以下几点原则：

首先，目标陈述必须明确。目标需清晰地描述知识与技能、过程与方法、情感态度与价值观等不同维度的具体要求。目标应当包含能够量化的行为动词，同时也应体现深层次认知和情感态度的发展，既概括全面又具细节性，既能衡量外部行为又能反映内在变化。如此一来，教师可以据此制订具体的教学计划，确保学生在课堂上能获得预期的学习成果。

其次，目标设立应恰当合理。这意味着目标的设计要平衡深度与广度，既要满足课程目标等更高层级目标的要求，也要考虑到学生的实际情况。如果目标范围过宽，可能无法突出本节课的教学重点和特色；反之，若目标范围过于狭窄，可能导致对知识技能、过程方法及情感态度与价值观三维目标的不平衡关注；设定过低的目标则不足以达成学科特定要求，而设定过高的目标则可能超出学生的能力范围，影响教学任务的完成。

最后，目标应具备可操作性。理想的课堂教学目标应能直接指导教学实践，如指导教学内容的选择、教学方法的采用、教学活动的安排等。这样的目标应该具体明确，不空洞烦琐，避免过分抽象导致理解模糊，从而为教师提供清晰的教学指引，确保教学活动的顺利开展。

（2）课堂教学目标确立的方法

在构建高效的课堂教学目标时，我们应遵循一系列步骤，以确保教学活动的针对性、有效性和适应性。以下是关键要点：

第一步，深入研习课程标准。作为教学活动的基础指南，课程标准提供了教师所需遵循的基本框架。它不仅是开学初期的重点工作，更应在教学实践中持续更新，确保与最新教育理念保持同步。

第二步，充分了解学生。了解学生的学习背景、能力水平、身心状态及学习偏好等，这是制定教学目标的关键。通过深入调研，教师能设计出更加贴合学生需求的教学目标，提升教学效果。

第三步，明确并确立本节课的教学目标点。基于对课程总体目标的理解和对学生实际情况的把握，教师需对教材进行细致研读，明确每一教学目标点的内容范畴。区分事实、原理、概念与方法、程序、公式，选择合适的动词并确定行为条件，确保目标点既全面又突出重点，有效解决难点。

第四步，细化目标掌握程度。根据学生能力差异，合理设定目标的实现程度，对不同层次的学生设定不同的期望值。这一环节强调课程目标与学生实际情况的结合，既激发优秀学生潜能，也保证学习困难学生能基本达标。

第五步，持续反思与调整。课堂教学是一个动态过程，面对不可预测的因素，教学目标的编制需灵活。通过实践中的总结、反思和改进，我们不断优化教学目标，使之更加契合课程改革理念，有效促进教学质量的提升。遵循这一流程制定的教学目标，不仅体现了新课程的理念，还能有力推动数学课程教学改革，实现教育目标与学生发展的和谐统一。

第二节　大学数学教学方案设计

一、教案的内容

（一）说明部分

教案的说明部分是教学设计的核心，它为整个教学活动提供了清晰的方向和结构。

该部分通常包含以下几个关键元素：

第一，教案明确指示的是授课的班级信息及具体的授课日期与时间，这有助于教师合理安排教学资源和规划时间，同时为学生提供一个明确的学习预期。

第二，课题即本节课的名称被详细列出，必要时还会补充说明该课是系列课程中的第几课时，这样的标注有助于教师和学生理解课程的连贯性和阶段性。

第三，教学目标是教案中至关重要的组成部分，它描述了学生通过本节课的学习应该达成的知识和技能掌握程度。过程性目标关注学习过程中的技能发展，而结果性目标则聚焦于学生最终应具备的知识或技能水平。

第四，课型的说明明确了本节课的性质，是新知识的导入（新授课），还是对已有知识的深化应用（练习课、复习课、讲评课等），这一信息对后续的教学设计和教学组织至关重要。

第五，教材分析则是对教学内容的深度解析，它指出本节课的教学重点和难点，帮助教师设计有针对性的教学策略，同时能为学生提供学习的方向和重点。

最后，教学方法及教学媒体的介绍则是如何有效实施教学的策略。这包括采用的教学技巧、互动方式及利用的辅助工具或技术手段，旨在优化教学效果，增强学生的参与度和理解能力。

教案的说明部分通过对班级、时间、课题、目标、课型、教材分析及教学方法和媒体的详尽描述，为教师提供了一个全面、细致的教学框架，确保了教学活动的高效性和目的性。

（二）教学过程

教学过程是教案的主要内容，包括教学内容及其呈现顺序、师生双方的教学活动等。不同的课型有不同的教学过程。比如，新授课的教学过程一般包括复习导引、讲解新课、学生探究、巩固练习等环节。对于教学经验还不太丰富的年轻教师，他们在教学过程设计中还应配有相应的板书设计。

（三）注记

在教学实践过程中，注记包含了两个关键层面的内容。首先，针对教学过程中可能遇到的具体问题，教师需要具备灵活性和应变能力。例如，如果原本设计的教学流程并不完全契合学生的实际学习情况，教师应根据学生的反应适时调整教学策略，采用更加贴近学生需求的方法进行教学。在学生参与回答问题或完成练习时，他们可能会遇到各种各样的情况，例如，学生可能无法理解问题的意图、解题方法错误或是缺乏足够的练习来巩固所学知识。针对这些问题，教师应该及时提供有针对性的指导和帮助，通过提问、示范、分组讨论等形式，促进学生的理解与掌握。此外，如果时间允许，教师还可以考虑加入一些与核心内容紧密相关的拓展材料，以丰富教学内容，激发学生的学习兴趣和探究欲望。

其次，在教学活动结束后，教师应当对整个教学过程进行全面反思与总结。这包括审视教案的实施情况，识别并分析教学中的优点与不足之处，如教学方法的有效性、学生参与度、课堂氛围等，以及评估这些因素对教学效果的影响。同时，教师关注学生在学习过程中遇到的难点和问题，探索不同的解题策略，总结学生常见的错误类型，并思考如何避免或减少此类错误的发生。此外，教师还应反思自身的教学体验与感受，包括个人的教学风格、课堂管理技巧、与学生互动的方式等，以便在未来教学中进行相应的调整和改进。通过这一系列的反思与总结，教师能够不断提升教学质量，更好地满足学生的学习需求。

二、数学教学方案的格式

教案是教学过程中教师精心设计和组织的一份详细指南，它基于特定的教学背景和目标而定制，灵活适应不同的教育场景和个体差异。以下是教案撰写的基本框架和各部分内容的详细阐述：

（一）课题名称

课题名称是教案的核心，应当准确、简洁地反映教学内容的主题。它可以是一个知识点、一个教学单元或一次专题活动的名称。例如，"生物圈中的生态系统""化学反应的本质与应用"等。

（二）课题概述

这部分需涵盖学科、年级信息，并简述课题的来源和所需课时，应概括本课的学习内容，强调其在学科体系中的位置和重要性。比如，"通过研究生态系统，学生将理解生态平衡的概念，这是生物学核心知识之一"。

（三）教学目标分析

教学目标应具体、可衡量，包括知识、技能和态度的培养。描述学生通过本课学习将掌握的知识要点、完成的创新项目，以及发展的重要思维能力和交流技能。例如，"学生将能够解释生态系统的基本组成、描述生态平衡的维持机制，并运用批判性思维分析实际案例"。

（四）学习者特征分析

这部分分析学生的智力特点、知识基础、认知结构及非智力因素，如学习动机、归因类型、焦虑水平、学习风格等，通过观察、问卷、访谈等方式获取信息，以实施个性化指导。

（五）学习内容分析

根据教学目标和学习者特征，设计相应的学习任务。这些任务可以是解答问题、完成创意作品、总结分析、表达观点或处理信息的转化等。每项任务都应与学习目标紧密相关。

（六）资源准备

列出学生用于完成任务的各种资源。包括物理环境、教材、数据库、多媒体材料、在线资源等。确保资源的多样性和丰富性，满足不同学习需求。

（七）教学活动过程

规划教学活动，包含情境创设、教学模式选择（如讲授式、探究式、合作学习等）、自主学习策略设计（如引导式提问、合作讨论、角色扮演等）。流程图展示教学步骤、媒体使用和评价方式。

（八）评价设计

创建量表或自我评价表，明确评价标准，指导学生自评和互评。评价内容应覆盖知识、技能、过程与方法、情感态度等多个维度。

（九）支持与反馈

设计个性化的帮助与支持措施，针对不同学习阶段、不同水平的学生提供适当指导。在学习结束时，进行总结反馈，通过作业、测试、课堂讨论等形式巩固知识，鼓励学生探索更广泛的主题。

通过上述各部分的细致规划，教案不仅为教师提供了实施教学的蓝图，也为学生的学习体验设计了丰富的路径和支持系统，确保了教学活动的有效性和针对性。

三、数学教学方案的评价

（一）数学教学方案评价的意义

评价在教育领域扮演着至关重要的角色，特别是在数学教学方案中，它不仅是对方案本身质量的判断，也是持续改进教育实践的驱动力。数学教学方案评价的目的在于确认方案是否有效地达成了预定的教学目标，同时评估其在提升学生数学理解、解决实际问题能力等方面的表现。这一过程不仅贯穿于方案的开发阶段，即在制定教学策略、选择教学材料、设计教学活动等环节，还深入方案的实施阶段，包括教学过程中的互动、学生参与度、学习成效的反馈等。通过不断地评价，教育者能够及时识别方案的优点和不足，进而进行必要的调整和优化，以更好地服务于学生的学习需求，促进其数学素养的整体提升。在整个评价过程中，采用多元化的评价方法，包括定性和定量分析，有助于全面、深入地理解教学方案的有效性和适用性，从而推动教育实践的持续创新和发展。

1. 数学教学方案评价是数学教学设计活动的有机组成部分

评价活动实际上是一个持续而紧密融入教学设计全过程的动态过程，而非独立或仅存在于设计后期的环节。这种观念上的转变是对传统"孤立评价"观点的重要纠正，越来越多的研究者和实践者开始认识到，有效的教学设计需要评价作为其不可或缺的一部分，且评价活动应该与教学设计的每个阶段紧密结合。

在教学设计之初，评价活动帮助明确教学目标、评估学习成果的可衡量指标，以及预测可能的教学挑战。设计阶段，评价活动则用于检验不同教学策略、材料和活动的有效性，以确保它们能支持预期的学习目标达成。而在教学活动实施后，评价则成为反馈循环的关键一环，通过收集和分析数据，教师可以即时调整教学方法，以适应学生的学习需求。

这种集成式评价理念强调的是灵活性和连续性，即评价不是固定在某个特定时间点进行的单一事件，而是贯穿于整个教学周期的动态反馈机制。无论是设计初期的目标设定、中期教学策略的选择还是后期教学效果的评估，评价活动都在其中发挥着核心作用，确保教学过程始终朝着既定目标高效推进，并根据实际情况灵活调整，最终实现教学质量和学生学习效果的最大化提升。

2. 评价使数学教学设计及其方案更趋有效

评价在数学教学设计过程中扮演了不可或缺的角色，它不仅能够揭示设计中存在的问题及其深层次原因，更为教学设计者提供了宝贵的决策信息。决策过程在此背景下通常被分为两类：规划性决策与优化性决策。

规划性决策主要涉及根据人、物（如学习资源）、社会需求等多元因素，教师对数学教学设计的整体流程与策略进行前瞻性布局与构想。这一阶段的决策往往旨在制定出具有可行性与前瞻性的初步框架与方案，以确保教学设计从一开始就符合教育目标、学生需求与教育资源的合理利用要求。

优化性决策则发生在教学设计方案实施之后，教师基于教学实践活动的实际反馈、专家意见，以及领导指导等多方面信息，对初始设计进行针对性的调整与完善。这一过程强调了对现有方案的反思与改进，旨在通过不断迭代优化，使教学设计更加贴合实际教学环境与学生学习特点，从而提高教学效果与学生满意度。

整体来看，教学设计是一个迭代反馈的过程，每一步进展都需伴随着全面的评价工作。通过这样的评价机制，我们不仅可以及时发现并解决设计过程中的问题，避免无意义的重复劳动和资源浪费，还能够不断验证与调整设计方案的科学性和有效性，最终形成更高质量、更符合教学需求的数学教学设计。这种严谨的评价与决策机制，对于提升教学效率、促进学生个性化学习、增强教师专业发展等方面，均具有显著的价值与意义。

3. 评价能激励数学教学设计人员的工作热情与创造热情

数学教学设计作为一项创新与变革导向的实践工作，要求设计者具备高度的创造力与改革精神。为了维护设计者的积极性和激发其创新潜能，心理调控变得至关重要。通过有效的心理引导，我们可以激励设计者产生强烈的创作愿望，并激发他们追求教育改革的热情。

评价数学教学方案的过程，不仅直接反映了设计工作本身的效果与品质，更是对设计者所秉持的价值观和创造性能力的一种认可。当设计者在评价中感受到自我价值得到实现时，他们会产生内在的动力，进而更加热衷于工作，追求更高的目标。

同时，通过评价发现的问题也如同一面镜子，清晰地映照出设计工作中的不足之处。这不仅能帮助设计者认识到自身的局限，也为他们调整工作方法和创新思维提供了宝贵的参考。这种双向的互动与反馈机制，不仅增强了设计者解决问题的能力，同时也促进了他们在教育领域的持续成长和创新，为提升教学质量贡献智慧与力量。总之，评价机制在数学教学设计中发挥着至关重要的作用，不仅能够促进设计者的个人成长，还能够推动整个教育领域的创新发展。

4. 评价能提高数学教学设计研究的水平，推动数学教学设计理论的发展

评价作为一种教育研究活动，不仅是对数学教学设计成果的审视与评估，在此过程中发现的问题与亮点也能成为我们进一步深入探究的课题。通过分析评价中出现的挑战与难点，我们可以聚焦关键问题，制定策略以改进教学设计，提升教学质量。同时，对于评价中认可的成绩与优秀实践，我们则应深入挖掘其背后的原因，提炼成理论知识，如教学方法、学生参与度的提升策略等，这些理论成果丰富了数学教学设计的理论体系，为我们提供了更多的指导原则和实践路径。这样的循环过程不仅提高了教学实践的质量，也促进了数学教学设计理论的不断演进与完善，形成了一个良性的学习与创新机制。

（二）数学教学方案评价的类型

1. 诊断性评价

这种评价也称设计前评价或前置评价，一般是在某项设计活动开始之前，为了使教学设计工作得以顺利进行，对实施设计活动所需的条件进行评估，目的在于摸清数学教学设计的基础，为教学设计者作出正确决策提供依据。

2. 形成性评价

形成性评价，作为教学活动中的重要一环，贯穿于整个教学过程之中，旨在为了更好地达成既定的教学目标，持续优化教学效果。通过这种评价方式，教育者能够即时掌握阶段性教学成果与学生的学习进展，准确识别出存在的问题。这一即时反馈机制使教师能够依据评估结果，适时调整并完善教学策略与方法。

值得注意的是，在采用形成性评价时，我们面临的一个挑战是学生进行的是自我驱动式学习。这意味着在相同的教学环境中，不同学生可能会选择不同的学习内容和路径。这就要求评价标准必须具备足够的灵活性和包容性，以便公平且有效地评估每个学生的个性化学习成果。实现这一点的关键在于设计多样化的评价工具和指标体系，既能全面反映学生的学习能力、知识掌握情况，又能体现他们的思考深度和创新能力。此外，鼓励学生参与评价过程，通过自评与互评的方式，增强其自我反思与自我激励的能力，也是提升评价公正性与有效性的重要途径。

因此，形成性评价不仅是对学习结果的即时反馈，更是促进个性化学习、提高教学适应性和效率的关键手段。通过精心设计的评价机制，我们不仅能帮助学生及时了解自己的学习状态，促进其主动学习，还能为教师提供宝贵的反馈信息，指导教学策略的优化与调整，共同推动教学质量和学习成效的全面提升。

3. 总结性评价

总结性评价，也被称作事后评价，主要是在教学活动完成一段时间后进行的一种综合评估，旨在检查教学活动的整体效果。学期结束后的各类学科考试和考核即属此类评价范畴，其核心目的是验证学生是否达到了预设的教学目标。从建构主义视角看，这种考试与传统评估存在显著差异，特别注重对学生实际解决问题能力的考查，而不仅仅局限于理论知识的记忆和再现。

这种评价方式通过一系列综合性测试或项目作业，不仅评估学生对所学知识的理解和应用程度，更侧重于评价他们运用知识解决实际问题的能力、创新思维和批判性思考能力。相较于传统的应试教育，建构主义强调通过实践、探究和合作学习，促使学生构建自身的知识体系，而总结性评价则成为衡量这种学习成果的重要工具。

因此，总结性评价不仅检验了学生是否掌握了特定领域的知识与技能，更重要的是，它反映了学生是否能够在真实情境中有效运用这些知识，解决复杂问题。这不仅有助于教师评估教学的有效性，也为学生提供了反馈，帮助他们反思学习过程，进一步促进学习目标的实现。同时，这样的评价方式也鼓励教学方法的创新和多样化，促进教学活动更加贴近学生的需求和发展。

（三）数学教学方案的评价

数学教学方案作为数学教学设计活动的核心成果，涵盖了教学策略、教学资源、教学实施步骤等多个方面，是连接理论与实践的桥梁。它不仅是一份具体的教学实施计划，还可能包括一套全新的教学材料，如教科书、教学视频、课件、学习包等。为了确保教学方案的有效性和实用性，在正式推广前进行小范围试用是必要的步骤，以此来测试其可行性、适用性和有效性。试用收集的数据，可以帮助我们更准确地评估设计成果的表现。

对于数学教学方案的评价，包括形成性评价和总结性评价等。形成性评价在整个教学设计过程中持续进行，旨在提供即时反馈，帮助调整教学策略，而总结性评价则是对整个教学设计工作进行全面、系统的评估，是对其完整性的检验。评价计划的制订、评价方法的选择、设计成果的试用与资料收集、资料整理与分析、最终的评价报告撰写，每一个环节都需要细致和耐心地思考。

为了确保评价工作的科学性，遵循数学教学的内在规律和特点是非常关键的。在评价工作中，我们应遵循以下基本原则：

1. 整体性原则

全面性：评价标准应覆盖教学方案的所有方面，包括教学内容、教学方法、教学资源、教学流程等，避免片面强调某一方面而忽视其他重要环节。

重点突出：识别影响教学质量的关键因素和环节，对这些部分给予更多关注和深度分析，确保评价的针对性和有效性。

综合考量：将形成性评价和总结性评价相结合，既重视过程中的实时反馈，又注重最终成果的综合评估，采用定量与定性相结合的方法，多维度分析教学方案的实际效果。

2. 客观性原则

事实依据：基于真实的数据和证据进行评价，避免主观臆断，确保评价结果的可靠性和公信力。

方法科学：选用科学合理的技术手段和工具来收集和处理数据，确保评价过程的标准化和规范化。

3. 指导性原则

反馈指导：在评价过程中我们不仅要指出设计中存在的问题和不足，还要提出改进建议和改进方向，帮助教学设计者明确后续工作的重点和目标，实现教学设计的持续优化和创新。

遵循上述原则进行教学方案的评价，我们不仅可以提高评价的科学性和有效性，还可以为教学方案提供有力的指导和支持，促进教学质量和效率的不断提升。

第三节 大学数学课堂教学设计

一、课堂教学设计

（一）课堂教学的宏观设计

在教学过程中，教师应既发挥主导作用，又尊重和强化学生的主体意识，通过合作交流，将教师的教学过程与学生的学习过程有机融合于师生共同的探索与研究之中。此举旨在培养学生的"浓厚的学习兴趣、强烈的学习愿望和科学的学习方法"，使教学活动更加生动、有效。

为了实现这一目标，宏观设计的第一步是深入理解教材。通过运用"数学方法"这把"解剖刀"，教师能够精确剖析教学内容的本质与特点，理清知识点之间的纵横联系，从而达到事半功倍的效果。这样的设计自然、连贯且巧妙，不仅能激发学生的思维活跃度，还能让教学过程充满艺术之美，为学生带来愉悦的学习体验。

总之，通过整合教师的主导与学生的主体地位，运用有效的教学策略，深刻理解教材内容，教学活动可以变得更加高效、有趣，进而助力学生全面发展。

（二）课堂教学的微观设计

在数学课堂教学的微观设计中，即所谓的微型设计，教师针对特定的概念、命题、公式、法则或例题，精心规划教学过程。这一设计是课堂教学中各环节的精细化展现，旨在将教学蓝图具体化，确保每一步操作都直接服务于课堂整体结构，从而实现宏观教学设计的构想。微型设计作为教学实践的微观载体，对于教学的有效性至关重要，它不仅指导着如何在有限的时间内高效传递知识，还着重于提升学生的主动学习能力。

在实施过程中，教师会采用一系列策略引导学生积极参与，如亲手制作模型、绘制图形、进行计算、网络资料检索、利用图表整理信息、观察和实验、提出疑问、激发思考、讨论、进行类比、联想、猜想，并最终给出证明。通过这些活动，学生不仅动用了视觉、听觉、触觉等多种感官，还激活了语言与逻辑、视觉、人际交往、音乐、自我反省、运动等多维度的智力，从而使学习过程全面而丰富。

数学作为人类文明的产物，其背后蕴含的故事、精神与智慧，往往被深藏于其对象、内容、方法和思想之中。在进行教学设计时，教师应如同考古学家一般，以数学史、数学哲学及数学方法为工具，探究数学形式背后的意义，解码历史沉淀中的智慧。这意味着将抽象的数学知识转化为可触及、可感知的实体，通过还原事件过程、洞察数学思维、发掘数学策略与技巧，为学生揭示数学的动态美与内在逻辑。这一过程强调在看似静态的知识中寻觅动态的联系，在复杂中找到简洁，在严格中融入灵活，在抽象中捕捉真实。通过对数学对象、命题、法则、公式等的深入挖掘，教师能够引导学生理解并掌握解决数学问题的高明策略与艺术，促进学生深度学习，最终使他们成为真正的学习主人。

（三）课堂教学的情境设计

1. 情境设计的主要任务

为了激发学生的学习热情，使他们全身心投入数学学习，并充分发挥和增强他们的聪明才智，我们营造一种轻松和谐的学术氛围时，需要巧妙地进行情境设计。情境设计的核心目标有两个：一是激发学生的学习兴趣，二是预演即将展开的学习内容，包括主题的特点、作用、表现形式，以及出现的时机与方式。这种方法广泛应用于艺术创作中，体现了艺术家高超的技艺。

情境设计不能孤立进行，而是要与宏观设计和微观设计相辅相成，共同作用。它是一种对前两者设计的深化和拓展，旨在构建一种引人入胜的学习环境，让学生在愉悦中收获知识。通过情境设计，我们可以融入戏剧性的表演、富有感染力的诗歌、悦耳的音乐、幽默的相声、直观的绘画等多种艺术手法，以此来强调重点、引发思考、设置悬念、制造冲突、使用倒叙技巧、铺设陷阱等，使整个学习过程充满活力与吸引力。

例如，通过角色扮演，学生可以在模拟的情境中体验数学概念的应用，加深理解和记忆。通过诗歌朗诵，我们用节奏和韵律传递数学的美感和逻辑性，激发学生的想象和创造力。音乐则可以营造出不同的情绪氛围，帮助学生在不同阶段保持专注或放松心情。相声表演不仅能让课堂充满欢声笑语，还能通过寓教于乐的方式解释复杂的数学原理，让知识点变得更加生动有趣。

总之，情境设计是数学教育中不可或缺的一环，它通过多种艺术手段创造了一种沉浸式的学习体验，既提高了学生的学习兴趣，又促进了知识的深入理解，最终实现了教学目标。

2. 情境创设的一些原则

在数学教学中，情境设计是激发学生学习兴趣和探索欲望的关键环节。一种好的数学情境不仅可以吸引学生的注意力，还能促使他们在实际问题解决中应用数学知识，从而加深对数学概念的理解。以下是数学情境创设应遵循的几个基本原则：

（1）现实性原则

问题来源：选择学生熟悉或贴近日常生活的数学问题，这些问题是开放性的，学生可能无法立即解决，这鼓励他们探索、思考并可能引发其对新知识的需求。通过这样的问题情境，我们可以暗示引入新概念、公式或定理的必要性，使学生明白学习新知识的重要性和迫切性。

问题表述：确保问题表述简洁、富有吸引力，包含趣味性、激励性和挑战性。例如，我们可以将经济、环保、科技、文化等领域的问题融入数学教学中，使学生感受到数学与现实生活紧密相连。

（2）情趣化原则

设置悬念：我们通过提出疑问、埋下伏笔、创新设计等方式，引发学生的好奇心和求知欲。例如，我们可以通过谜题、故事讲述或是通过改变常规问题的形式来增加趣味性。

趣化题材：将实际过程模拟化，揭示问题的背景或背景的重大意义。我们通过神秘化、戏剧化的元素，以及引入竞争机制，让学生在轻松愉快的氛围中投入学习。

引入"导入"技巧：无论是平铺直叙还是开门见山，教师应精心设计引入部分，以引导学生逐步进入学习状态，避免一开始就显得过于枯燥或难以理解。

（3）数学化原则

学科一致性：确保情境设计在维持学科性的同时，兼顾现实性和趣味性。理想的情境应该能在这三个方面达到平衡，既保持数学的严谨性和科学性，又能贴近学生的生活经验，激发其兴趣。

指导思想：虽然数学方（通常指的是数学思维或数学方法）是数学教学的核心指导思想之一，但在具体的教学中，重点在于如何通过情境引导学生理解和应用数学方法解决问题，而不是直接教授方本身。同时，我们应适时地将数学基本思想和方法教给学生，以提升他们的解题能力。

教学设计的目的：情境设计的目标是为学生提供一个解决问题的平台，通过具体情境引导他们联想、探索和应用数学知识。在教学过程中，教师需要灵活应对课堂动态，适时调整教学策略，以促进学生主动参与和深度学习。

通过遵循上述原则，教师可以设计出既能激发学生兴趣，又能有效引导其学习数学知识和方法的情境，从而提高教学效果和学生的学习效率。

二、课堂教学的实施

（一）课堂教学的特点

在数学教学中，数学方（此处假设方是指一种教育理念或教学策略，强调了数学教学中的启发式教育）扮演着核心角色，其旨在构建一个以学生为主体、教师为引导者的教学环境。数学方指导下的教学并不局限于单一的教学模式或方法，而是灵活多样，依据具体情况采取最适合的教学策略。这一指导思想的制定与实施受到多个关键因素的影响，主要包括信息传递的方向、学生自主性的发挥及学习过程中的人际互动水平创造思维情境、实施与环节设计。以下是我们对这几个方面的详细阐述：

1. 信息传递的方向

数学教学的信息传递可以从两个主要方向出发：接受式学习和发现式学习。接受式学习强调教师为主导，通过讲解、演示等方式直接向学生传授知识，而发现式学习则鼓励学生通过自主探索、实践操作等方式，自己去发现知识。无论采用哪种方式，关键在于确保学生能够从接收到的信息中获取意义，实现有意义的学习。

2. 学生自主性的发挥

在教学过程中，数学方倡导学生的个体自主性，鼓励学生根据自己的兴趣、能力和需求进行学习，而非单纯遵循群体的统一进度。个体自主学习不仅能激发学生的内在动机，促进深层次理解，还能够培养学生的批判性思维和创新能力。同时，数学方也注意到团队合作的重要性，认为合作学习能够促进知识的共享、观点的交流，增强学生的社会技能和协作意识。

3. 学习过程中的人际互动水平

在数学方指导下，教学不仅关注知识的单向传递，更重视学习过程中师生间、生生间的互动。通过小组讨论、项目合作、案例分析等形式，学生可以在互动中增进理解，解决难题，同时也能发展沟通和协调能力。合作学习不仅能够弥补个人学习的局限，还能激发集体智慧，促进多元视角的碰撞与融合。

4. 创造思维情境

在课堂实践中，数学方强调营造一种富有挑战性而又支持性的学习环境。教师通过设计具有探究性的问题、情境任务等，引导学生亲历知识的生成过程。这些活动不仅仅是简单的练习，而是让学生在简化的、理想的环境中探索数学的奥秘，体验知识的生长。在这样的过程中，数学不仅是一系列公式和定理的罗列，更是蕴含着逻辑之美、结构之美和解决实际问题的能力。

5. 实施与环节设计

为了实现上述教学理念，教师在教学设计时要精心规划每一步，确保教学措施和教学环节都旨在促进学生思维的发展。这包括但不限于引入引人入胜的问题情境、设计互动性强的小组活动、利用技术手段增强教学的互动性和直观性等。每个环节的设计都旨在给学生提供思考、实践和交流的机会，让数学学习成为一种动态、积极、创造性的体验。

总之，数学方下的教学强调以学生为中心，通过灵活多样的教学方法和策略，激发学生的学习热情和创造力，培养他们自主学习和合作学习的能力，最终实现对数学知识的深入理解和应用。

（二）课堂教学实施的组织

1. 学生发展需要合作

我们的教学目标旨在促进每个学生全面发展，追求教学效果最大化，实现这一目标的重要步骤之一是对班级进行重组，采用小组合作学习的形式。这种模式使学生能够成为学习的主体，改变传统师生单向交流的方式，鼓励多向互动，使每个学生都有机会表达观点、倾听他人想法。同一年龄阶段的学生，在思维水平、认知能力等方面较为相近，通过有效合作，能够促进他们对问题的深入理解。合作学习将个体间的差异视为教学资源，通过集体努力，达到集思广益、取长补短的效果，推动学生共同进步、协同发展。

在当前社会背景下，许多工作依赖团队合作完成，因此，合作学习不仅能够培养学生的合作能力，增强团队精神，同时这也是学生适应社会、提升综合素质的关键途径。它既强调个人独立的"自主探索"，也强调团体协作的"合作交流"，后者提供了一个平等交流的平台，培养学生的沟通与协作能力，是一种多向动态的学习活动。

通过结合"自主探索"与"合作交流"的学习形式，我们既能充分发挥学生的主观能动性，又能培养团队合作精神，促进学生在学术知识和社交技能两方面的均衡发展，为他们的未来学习和职业生活打下坚实基础。

2. 合作的有效性

合作学习是一种以学生为主体，通过小组的形式，围绕特定任务展开的互动式学习方式。要成功实施合作学习，首要条件是合理组建合作小组。这需要综合考量每个学生在知识背景、兴趣偏好、学习能力和心理特质等方面的差异，以形成互补性强、多样化的小群体。遵循"组内异质，组间同质"的原则，旨在通过内部多样性的融合，促进信息共享和思想碰撞，同时，组间的同质性则有利于公平竞争和评估。

为了确保合作的有效性，我们建议构建相对稳定的合作小组，并明确成员角色分配，比如负责组织、记录、担任发言人等职责。每一成员需清楚知晓自己的角色及贡献，同时，定期调整角色分配，使每位学生都能体验并熟悉不同的职能，从而培养团队意识和责任感。此外，强调小组内的合作精神和共享成果，使成员之间形成紧密的利益共同体，共同目标驱动下的共同努力有助于促进全体成员的共同成长和发展。这样，合作学习不仅能够提高学习效率，还能够促进学生的社会交往能力、领导力及团队合作精神的培养，为其未来的学习和职业生涯奠定坚实的基础。

3. 合作小组的组织

（1）把握合作的时机

数学学习的核心在于个体的独立思考与实践，包括规划个人时间、独立完成作业等环节，这一过程强调的是自我驱动和自主探索。合作学习作为一种辅助手段，应在个体充分准备和独立思考的基础上实施，确保每位参与者都能根据自身优势做出有价值的贡献。在决定是否采用合作学习时，我们应基于实际教学需求，避免盲目实施，保证合作活动的有效性和针对性。

实施合作学习的前提是选择适当的问题或任务。这些任务应该既具有一定的价值和挑战性，又能在合理的"时空"框架内完成，同时，这些问题或任务应能激发学生的兴趣和参与度。教师在引导合作学习时，需注意观察和把握最佳时机，并设计合适的合作问题，这通常包括：

个人操作时间和条件不足的问题：数学学习往往需要处理大量具体实例，培养归纳思维能力，此时，如果个体操作的时间和资源有限，合作学习可以提供额外的支持，加速理解和掌握新概念的速度。

独立思考遇到困难的问题：课堂上遇到的挑战性问题，个体可能会感到困惑或挫败。在这种情况下，通过小组讨论，共享不同的见解和解题策略，可以促进理解和创新思维的产生，同时缓解个体的心理压力。

存在分歧的解决策略的问题：在数学问题解决过程中，不同背景和经历的学生可能提出多种解法。讨论和比较这些解法，不仅能增进对问题的理解，还能提升批判性思维和沟通能力，尊重并接纳不同观点。

个人力量难以解决的复杂问题：教学内容可能过于抽象或复杂，单个学生可能无法全面解答。小组合作能够汇集不同视角和技能，共同探究解决方案，促进更深入的理解和全面的知识体系构建。

在合作学习中，重要的是确保每位参与者都积极投入，通过有意义的交流和共享，相互启发，弥补各自的不足，从而实现共同进步。这种学习方式不仅能够拓宽解题思路，还能增强团队协作能力，激发学习兴趣，培养全面的思考习惯，这对学生的终身学习和未来发展具有重要意义。

（2）教学生如何合作

在合作学习中，相互交流是核心，而不仅仅是表面的形合。有效的合作依赖于一系列技巧，其中最重要的是学会表达和倾听。教师在此过程中扮演着关键角色，指导学生掌握必要的技能，促进深度交流。

①学会表述

独立思考与充分准备：合作前的独立思考和充分准备是关键，这有助于学生清晰地表达自己的想法，而不是在讨论中漫无目的。鼓励学生在小组讨论前先独立思考，准备要分享的内容。

勇敢发声与接受反馈：创造一种安全的环境，让学生敢于表达自己的观点，即使犯错也不必担心，重要的是认识到错误是学习的一部分，鼓励学生通过修改来改进。同时，培养一种倾听并再次发言的习惯，即使初次未能清晰表达，也可以通过听取他人意见后调整思路。

基本交流话语：教授学生如何启动对话、推进话题，以及结束交流的礼貌用语。例如，"我有一个想法""我觉得……""我同意/不同意……""让我们一起思考这个问题吧"。

②学会倾听与思考

重视倾听：倾听是有效沟通的前提，它体现了对他人观点的尊重。教师可以通过提问（如"谁听懂了他的意思？"）来引导学生关注并回应他人的发言，以此强化倾听的重要性。

教导倾听技巧：教学生如何有效倾听，包括理解他人的意思、识别信息的关键点，以及在必要时提出疑问或反馈。鼓励学生在听的同时思考——比较自己的想法与他人的有何不同，是否有互补之处，或者是否可以将听到的信息转化为自己的语言。

反馈与反思：引导学生在交流后进行反思，思考自己的观点是否得到了他人的认可，是否有新的见解产生了碰撞，或者从他人的角度看问题有何不同。这不仅有助于加深理解，还能增强批判性思维能力。

通过这些技巧的培养，学生能够在合作学习中有效地表达自己，同时积极倾听和思考，促进团队内部的深度交流和理解，最终达到知识共享和共同进步的目标。

（3）注意过程性评价

在构建有效的小组合作学习评价机制时，我们应当遵循以下几个原则，以确保评价的全面性和公正性：

过程与结果并重：评价不仅关注学习的最终成果，更重视学生在整个学习过程中的表现。过程评价包括学生的参与度、讨论的深度、问题解决策略的运用等，这些都是合作学习的重要组成部分。结果评价则是对学习成果的具体评估，比如项目完成的质量、报告的准确性和创新性等。

团队与个人相结合：评价应兼顾小组的整体表现和个体贡献。团队评价可以考查小组完成任务的能力、沟通协调水平及共同解决问题的能力；而个人评价则关注每个成员的贡献度、责任感、领导力及个人学习的进步。通过结合这两种评价方式，我们既能促进团队合作精神的培养，也能激励个人的积极参与和自我提升。

强调合作与互助：在评价中强调合作的重要性，鼓励学生在小组合作中互相帮助、共同进步。评价标准中可以加入"团队协作能力""资源共享""包容性"等指标，以促进积极的合作氛围和公平的竞争环境。

反馈与指导：评价不仅要给出成绩或等级，更重要的是提供具体、建设性的反馈，帮助学生理解自己的优势与不足，指导未来的学习和发展方向。反馈应是及时的、针对性强的，这有助于学生调整策略，改进学习方法。

公平与透明：评价体系的设计应该公平、透明，确保所有学生都能被公正地评价。这需要在评价标准的设定、执行和反馈过程中保持一致性，避免主观偏见，增强学生对评价系统的信任感。

促进持续发展：评价机制的设立不仅仅是为了当前的成绩，更重要的是为了激发学生对合作学习的热情和持续探索的兴趣。通过评价引导学生关注合作过程中的成长，鼓励创新思维和实践能力的提升。

总之，构建合理的小组合作学习评价机制，既要注重学习成果的客观评估，又要关注学习过程的动态观察；既要强调团队协作的重要性，也要鼓励个体责任的落实；既要提供具体的反馈与指导，又要保持评价体系的公平与透明。通过这样的评价机制，我们可以有效促进小组合作学习的健康发展，提升学生的合作意识、团队精神和学习成效。

高校数学教学的多模式设计

第一节　情境教学设计

一、教学情境的作用

（一）帮助学生重温旧知识、获得新经验

在恰当的情境中，学生能够重温过往的知识，并收获崭新的学习体验，这样的环境不仅为学习提供了多元化的素材与信息，还促进了知识的动态演变与深化理解。它赋予了学生亲身体验知识构建过程的机会，对培养认知能力至关重要。同时，这样的情境鼓励学生主动探索未知，激发其发散性思考，是锻炼思维能力的理想舞台，引领学生的认知水平迈向新的高度。

（二）促进知识由课内向课外迁移，灵活应用，发展应用能力

优质的教学情境是知识学习的沃土，它不仅为学习者呈现了鲜活、多元的学习素材，还架设了桥梁，让学生在实践中亲身体验知识的运用，实现理论知识与实践能力的无缝对接。这一过程促进了知识、技能与个体经验的深度融合，使学习不再局限于课堂之内，而是能够自然而然地延伸至课外，实现知识的有效迁移。在这样的情境中，学生能够更深刻地理解知识的内涵，把握问题的全貌，洞察其背后的逻辑与规律，进而培养起灵活运用所学知识解决实际问题的能力，不断提升自身的综合素养与实战能力。

（三）促进学生情感的发展，提高学习动力

适宜的教学情境犹如磁石，不仅能够点燃学生求知的热情，促进其情感世界的丰富与发展，还能持续、强化并适时调整学生的学习动力，引导他们自主深入地探索未知。这一环境在整个教学过程中扮演着导航者的角色，明确方向，提供支持，同时灵活调节与控制学习节奏。而创设生动鲜活的情境，则是激发学习兴趣的不二法门，它如同钥匙般开启了学生内在的学习动力之门，为学生的探究之旅铺设了坚实的基石。

（四）营造良好的教学情境

教学情境，作为情感氛围与认知环境的和谐统一体，其营造的优质学习氛围是课堂成功的基石，也是促进学生高效学习的关键保障。一种精心设计的教学情境，不仅内容丰富、形式生动，能够激发学生的好奇心与探索欲，还兼顾了对学生个性与全面发展的双重促进。它鼓励学生展现自我，勇于尝试，同时在潜移默化中培养了学生的综合素养，为他们的全面发展奠定了坚实的基础。

（五）丰富生活体验

数学教学应当根植于学生的日常生活经验与既有的知识背景，通过丰富多彩的数学实践活动与交流机会，促使学生深入领悟并扎实掌握数学的核心概念与思维方法，同时积累宝贵的数学教学实践经验。这一过程不仅让学生体验到数学与日常生活的紧密交织，还培养了他们运用数学知识解决实际问题的能力。除了鼓励学生日常生活中无意识地观察与感悟，我们还应有意识地引导他们积累生活体验，这样的双重努力将极大地丰富学生的数学视野与培养其应用能力。

（六）激发探索的欲望

学生的创造性思维犹如待掘的宝藏，唯有在积极主动的学习探索中方能熠熠生辉。为此，教师应化身为情境的巧匠，精心编织一系列引人入胜的场景，旨在点燃学生内心的好奇之火，唤醒他们解决问题的迫切渴望。这些情境如同磁石，牢牢吸引着学生的注意力，激发他们的创造潜能，促使他们全身心地投入充满创意的学习旅程，让思维之花在主动探索中绚丽绽放。

（七）分散难点

面对数学知识的抽象性与逻辑严谨性所带来的教学挑战，我们往往发现这些特性使得部分数学内容显得尤为复杂且难以掌握，给学生的学习之路设置了不少障碍。然而，通过将数学知识巧妙地融入具体的生活或问题情境中，我们能够有效地将这些难点进行分解，使之变得更为具体和可操作，从而便于学生逐一克服，逐步构建起坚实的数学基础。这种方法不仅降低了学习的难度，还增强了学习的趣味性和实效性。

（八）整合多学科的知识

新课程倡导打破学科壁垒，促进跨学科的深度融合，旨在构建一个以人的全面发展为核心，兼顾可持续成长需求的教育体系。在此框架下，数学教学不再孤立于数学王国之内，而是积极寻求与语文、社会、生活等多领域的交叉融合，共同编织知识的网络。这一转变，不仅是对传统数学教学理念的革新，更是对教育本质的深刻洞察——它要求我们在传授数学知识与技能的同时，不可忽视对学生情感、态度与价值观的培育，实现数学教育与人文教育的和谐共生。

通过加强横向联系，整合多学科资源，数学课堂得以引入更多鲜活、贴近生活的素材，使学习过程更加生动有趣，富有现实意义。这样的教学模式，不仅拓宽了学生的知识视野，更激发了他们的学习兴趣和探索精神，促进了学生在认知、情感、社会等多方面的全面发展。因此，新课程理念下的数学教学，应当成为促进学生综合素质提升的重要舞台。

（九）充分挖掘和利用教材提供的情境资源

鉴于数学与生活的紧密融合，我们的日常生活如同一个庞大的宝库，为数学教学提供了源源不断的素材与灵感。作为教学一线的工作者，教师们应当积极拓宽视野，努力挖掘并搜集那些能够激发学生兴趣、促进知识理解的情境素材。然而，个人的认知边界毕竟有限，加之长期从事这种高强度的素材搜集与教学设计工作，对教师而言无疑是一大挑战。

在此背景下，探索多样化的数学教学情境创设策略显得尤为重要，关键在于营造一种能够让学生积极参与、身临其境并承担一定学习任务的情境。这样的情境应当能够激发学生的求知欲与探索欲，使他们处于一种"心求通而未得，口欲言而弗能"的愤悱状态，从而自然而然地引导他们进入最佳的学习状态。通过巧妙地创造这样的学习情境，我们不仅能够帮助学生更好地理解和掌握数学知识，还能在无形中培养他们的思维能力、解决问题的能力及对数学的热爱与追求。

二、教学情境创设的原则

数学教学的实践深刻揭示了一个事实：并非所有问题都能触动学生的心灵，激发他们的深层思考与兴趣。同样地，简单地抛出问题并不等同于成功创设了富有启发性的问题情境。这需要教师投入心血，精心设计与构思。

数学教学的核心目标在于促进学生数学认知结构的不断完善与发展，同时，也应兼顾学生良好个性品质的培养。为实现这一目标，教师在创设问题情境时，必须精准把握学生的当前发展水平和"最近发展区"。这意味着，我们要以学生的现有知识能力为基础，同时瞄准他们潜在的发展空间，设计出既符合其实际能力又具有一定挑战性的问题。

具体来说，教师应充分利用新旧知识之间的矛盾冲突，激发学生的求知欲和探索欲。这些问题应当是学生通过努力能够解答的，但又不至于过于简单而失去挑战性。这样的设计不仅能够帮助学生巩固旧知、学习新知，还能够培养他们的思维能力、解决问题的能力和面对挑战的勇气。为了保证教学情境充分发挥其作用，在创设教学情境时，我们应遵循以下原则。

（一）目的性原则

目的性原则是教学设计的基石，它要求所创设的问题必须紧密围绕既定的教学任务展开，确保每一个教学元素都服务于明确的教学目标。在此原则下，教学情境的构建绝非随意为之的装饰或追赶潮流的噱头，而是精心策划的教学辅助手段。它如同一座灯塔，不仅要在教学之初激发学生的学习热情，更应在教学全程中发挥导向作用，引领学生深入探索，理解知识的精髓。

因此，教师在设计教学情境时，应明确其深层次的教育意义，即为何而设、设后何求。只有心中有数，我们方能确保情境的设置不仅能够有效调动学生的积极性，还能在后续的教学环节中持续发挥作用，引导学生逐步达成既定的学习目标，实现知识的内化与能力的提升。

（二）趣味性原则

兴趣，这一无形的驱动力，是学生学习旅程中最宝贵的伙伴。它不仅引领着学生主动探索知识的海洋，拓宽他们的视野，还深刻影响着他们的心理发展与生活经验积累。兴趣，本质上是一种强烈的认知倾向，它促使人们对特定事物或活动产生浓厚的好奇与追求，成为推动个人成长与进步的强大力量。

在教育实践中，我们深知兴趣的重要性。因此，教师应致力于成为学生兴趣的激发者与引导者。通过设计生动有趣的案例、提出引人入胜的问题等方式，教师可以巧妙地构建问题情境，让学生在轻松愉快的氛围中感受到数学的魅力与乐趣。这些情境应当紧密贴合学生的年龄特征与认知规律，确保能够激发他们的学习热情。

同时，教师还应充分利用当地丰富的教学资源，将数学知识巧妙地融入学生喜闻乐见的日常生活情境中。这样的教学策略不仅能够拉近学生与数学之间的距离，还能让他们在解决实际问题的过程中体验到成功的喜悦与满足感，进而更加积极地投入学习之中。总之，以兴趣为引领的教学情境创设是提升数学教学质量的有效途径之一。

（三）本质性原则

本质性原则即问题要提在点子上，要能直接反映所学新知识的本质特征，否则，问题不但不能引导学生的思维指向教学任务，还会干扰学生的思路。

（四）简明易懂原则

简明易懂原则是确保教学有效性的关键所在，它强调在问题表述上追求精准无误、逻辑清晰，避免任何可能引发学生理解障碍的模糊或矛盾之处。这一原则旨在消除学生在接触问题时因字面意义晦涩而产生的困惑，确保他们能够迅速把握问题的核心，为后续的思考与解答奠定坚实基础。

为了实现这一目标，教师在设计问题时需精心斟酌语言，力求言简意赅、条理分明。同时，教师还应注重语言的启发性，通过巧妙的问题设置，激发学生的好奇心与探索欲，引导他们从知识的内在联系与发展脉络中发现问题、思考问题，进而培养他们的逻辑思维与创新能力。总之，简明易懂原则要求教师在问题设计上既要注重准确性与清晰度，又要兼顾启发性与引导性，以促进学生思维的活跃与深化。

（五）系统连贯性原则

问题情境的设计应当体现其连贯性与系统性，构成一个紧密相连的问题序列。这个序列应当遵循数学知识点的自然发展轨迹，以核心的数学思想和方法为引领，逐步展开，形成一个由浅入深、由易到难、环环相扣的内在逻辑体系。

在这个体系中，起始的问题应当是基础而关键的，它不仅要能够吸引学生的注意力，更要能够激发起他们对新知识的渴望与探索欲。这个问题应当像一颗种子，埋在学生心中，随着教学过程的推进而逐渐生根发芽。

随后的一系列具体问题，则是这颗种子成长的养分与雨露。它们应当紧密围绕新知识的本质与规律，层层递进，逐步深入。每一个问题都是对前一个问题的深化与拓展，同时又是对新知识的一次次揭示与巩固。学生在解决这些问题的过程中，不仅能够逐步掌握新知识，更能够体验到知识发现的乐趣与成就感。

因此，问题情境的设计需要教师具备深厚的数学功底与敏锐的教学洞察力。他们需要准确地把握数学知识的内在联系与发展脉络，精心构思每一个问题，确保它们能够构成一个既符合学生认知规律又充满挑战性的问题体系。这样的设计不仅能够提升学生的学习兴趣与积极性，更能够促进他们数学素养的全面发展。

（六）全程性原则

情境的创设，虽常作为新课导入的巧妙手段，但其价值远不止于此。它并非仅仅是教学序幕的华丽开场，用以短暂地激发学生的学习兴趣与积极性，而应贯穿于教学的全链条，持续发挥其深远的影响。

实际上，教学情境如同一股不竭的动力源泉，不仅在新课之初激发学生的好奇心与求知欲，更在后续的教学过程中，持续推动、维持并强化学生的认知活动、情感体验与实践探索。它如同一位无形的导师，引领学生在知识的海洋中遨游，帮助他们在探索与发现中不断成长。

因此，我们应将情境的创设视为一个动态、连续的过程，而非孤立的教学环节。根据教学内容与学生实际，我们可以灵活地分阶段设计情境，使每个情境都能在教学的特定阶段发挥其独特的作用，共同构成一个完整、有序的教学体系。这样的教学设计，不仅能更好地满足学生的学习需求，还能促进他们综合素质的全面发展。

（七）发展性原则

教学情境的精心创设，旨在激发学生的内在学习动力，促进他们持续探索与成长。这一设计不仅要贴近学生的当前能力水平，更要精准触及他们的"最近发展区"，即那些他们尚未掌握但通过努力能够达成的知识领域。通过这样的设计，我们不仅能够引导学生解决当前教学中的具体问题，还能激发他们的好奇心与求知欲，引导他们迈向更深层次的学习探索。

在构建教学情境时，我们需注重启发性与延展性。一种好的情境不仅能帮助学生综合运用所学知识，巩固学习成果，还能激发他们的潜能，促进个性与特长的发展。同时，这样的情境也为学生之间的合作与交流提供了宝贵的机会，让他们在互动中共同成长。

思维，作为智力活动的核心，对于学生的学习过程至关重要。因此，在情境创设中，我们应巧妙设置疑问，激发学生的思维活力。这样不仅能提升他们的求知欲，还能促使他们主动思考、积极探索，从而更深刻地理解与掌握知识。当学生的注意力被教学情境所吸引，他们的思维便会自然而然地聚焦于所学知识，实现从无意注意到有意注意的顺利转变。

教学情境的创设是一门艺术，需要教师用心琢磨、精心设计。只有这样，我们才能为学生营造一种既充满挑战又富有乐趣的学习环境，让他们在探索与发现中不断成长，最终实现自我超越。

（八）全面性原则

一种优质的教学情境，是知识与情感的完美交融，是认知发展与非智力因素提升的共舞舞台。它不仅蕴含着丰富的知识养分，滋养着学生的智慧之树，助力其构建坚实的认知结构；更蕴含着深厚的情感力量，营造出一种温馨、激励的心理环境，促进学生的全面发展。

在此情境之中，情感教学、认知教学与行为教学并非孤立存在，而是相互依存、相互促进的。情境的设计应兼顾三者的需求，使之成为推动学生全面发展的强大引擎。它不仅要激发学生的求知欲，更要触动他们的心灵，让他们在知识的海洋中畅游的同时，也能感受到学习的乐趣与意义。

当然，考虑到教学内容的多样性和学生需求的差异性，局部的情境创设可以有所侧重。有时，我们可能需要更多地聚焦于知识的传递与认知的发展；有时，我们则可能需要更多地关注情感的交流与价值观的培养。但无论如何侧重，我们都应保持教学的整体性与连贯性，确保各个教学环节能够相互衔接、相互支持，共同服务于学生的全面发展。

因此，教师在创设教学情境时，应具备高度的灵活性与变通性，根据具体情况灵活调整教学策略，使情境教学成为推动学生全面发展的有力武器。

（九）真实性原则

教学情境的多维度特性——认知性、情感性与实践性，共同构成了其教育价值的基石，而其中真实性则是这些特性得以充分发挥的关键保障。尤为值得注意的是，实践性作为真实性的核心要素，对于教学目标的实现具有不可估量的作用。当学习情境贴近现实，学生所构建的知识体系便更加稳固且实用，能够无缝对接到实际生活中，从而达成教学的初衷与期望。

数学，这一抽象而精妙的学科，其根源深深扎根于日常生活的土壤之中，又以其独特的魅力反哺着我们的生活。因此，在创设数学教学情境时，我们必须紧密联系学生的生活实际，将数学知识融入他们熟悉且感兴趣的生活场景中。这样的教学方式，不仅能够缩短数学与学生之间的距离，还能有效培养学生的数学意识与素养，使他们感受到数学的魅力与价值。

反之，若教学情境脱离现实，简化甚至割裂了知识与其实际背景之间的联系，学生的学习体验将变得枯燥乏味，他们对知识的理解也将停留在表面，难以形成深刻而全面的认知。这种割裂式的学习，不仅限制了学生在真实情境中应用知识的能力，还可能挫伤他们的学习兴趣与热情，进而影响到他们的全面发展。

因此，建构主义教育理论极力倡导情境的真实性，认为只有当学生置身于真实或接近真实的学习环境中，他们才能够有效地运用所学知识解决实际问题，实现知识的内化与迁移。这种真实的学习体验，不仅能够提升学生的观察力、思维力和应用能力，还能够培养他们的真实情感与态度，塑造他们良好的习惯与正确的价值观，为他们未来的成长与发展奠定坚实的基础。

（十）可接受性原则

在情境创设的过程中，学生的接受度是首要考虑的因素。为了确保每位学生都能有效参与并从中获益，教师需要精心规划出一条合适的学习路径。这条路径应如同桥梁，连接着学生已知的知识与技能，引导他们顺利迁移至新的情境中解决问题。

鉴于学生个体间的差异性与知识技能迁移受情境因素的深刻影响，教师在选择和设计情境时需格外用心。情境应遵循由熟悉到陌生、由浅显到深入、由表象到本质的渐进原则，确保每位学生都能在适宜的挑战中稳步前行。这样的设计不仅能提升学生的理解能力与接受度，更能促使他们主动运用已有经验，不断丰富解决问题的策略与技巧。

在如此精心构建的情境中学习，学生不仅能够实现知识技能的有效迁移，更能在实践中不断积累经验，提升解决实际问题的能力与创造力。随着学习的深入，他们将更加自信地面对新情境中的挑战，展现出更加丰富的智慧与创造力。

三、情境教学设计的思路

（一）确保教学活动富有情境性质

在情境教学中，情境本身占据了核心地位，它要求教师将抽象的学科内容巧妙地转化为生动具体、富有情境感的教学活动。这些情境可以源自学生丰富多彩的现实生活，通过捕捉生活中的数学元素，让学生在熟悉的环境中感受数学的魅力；同时，情境也可以是精心设计的虚拟场景，通过模拟或构建特定的学习环境，激发学生的好奇心与探索欲。

关键在于，无论情境的形式如何，它都必须紧密围绕并服务于教学内容，确保学生在情境中的学习体验与教学目标紧密相连。这样，学生不仅能够从日常生活中发现数学的踪迹，感受到数学与生活的紧密联系，还能够在情境的引导下，更加深入地理解数学概念、掌握数学方法、领悟数学思想。

因此，教师在设计情境教学活动时，应充分考虑学生的认知特点与兴趣所在，精心挑选或创造能够激发学生兴趣、促进学生思考的情境素材。同时，教师还应注重情境教学的连贯性与系统性，确保各个情境之间能够相互衔接、逐步深入，形成一个完整的知识学习与理解过程。通过这样的情境教学，学生将能够在轻松愉快的氛围中，自然而然地掌握数学知识与技能，实现全面发展与提升。

（二）教学活动要符合学生自身的学习特点

面对学生兴趣与特长的多样性，教师应成为教学的魔法师，巧妙地将学生的个性化特点融入情境教学活动之中，编织出一张张色彩斑斓的学习网。这样的教学设计，不仅能够精准地激发学生的内在动力，还能显著提升学习成效。

具体而言，教师可以深入观察并了解学生的兴趣爱好与特长所在，以此为切入点，设计贴近学生生活、富有吸引力的教学情境。例如，对于热衷于生活的学生，教师可以巧妙地将数学问题融入日常情境中，引导他们运用数学思维解决购物、旅行等实际问题，让数学不再是书本上的抽象符号，而是生动有趣的生活助手。

同时，针对学生在数学学习中的薄弱环节，教师也应设计具有针对性的挑战任务。这些任务应既符合学生的能力水平，又能有效触及并强化重难点知识，使学生在完成任务的过程中，实现知识的巩固与能力的提升。通过这样的个性化教学，学生不仅能够感受到学习的乐趣，还能在不知不觉中突破自我，实现全面发展。

（三）需要注重启发思考，引导学生自主探究

情境教学不是让学生接受教师灌输的知识，而是要提高学生自主探究的能力，引导学生从情境中发现或者创造知识。因此，教师在选择情境和设计教学任务时，需要注重学生的自主思考和创造。

四、教学情境创设的方法

（一）创设问题情境，引发学生认知冲突

问题情境作为驱动学习的核心动力，其设计的精妙性直接关系到学生问题意识的觉醒、探求动机的激发及思维与创造能力的发展。一种优质的问题情境，应巧妙地设立在学生认知的"最近发展区"，既非轻而易举可得，亦非遥不可及，而是需要学生经过一番努力方能跨越障碍。这样的设计，能够自然地激发学生的求知欲，促使他们主动思考、积极探索，直至独立解决问题。

在设计问题情境时，教师应灵活运用多种策略。

构建现实挑战：设置学生凭借既有经验和知识难以直接解答的现实问题，迫使他们跳出舒适区，寻求新的解决方案。

提供感性材料：特别是在概念教学中，教师通过呈现典型且丰富的直观背景材料，

引导学生从具体实例中抽象出共性，进而形成准确的概念理解。

实验探索：当新旧知识间的逻辑联系不直观时，设计具体实验，让学生在动手操作中观察、分析、归纳，从而发现规律、建立猜想，并最终通过逻辑论证得出结论。

运算与推理：无论是通过运算的实际意义还是具体演算，都能有效揭示数学规律，激发学生的探究兴趣。同时，利用不同解法可能导致的矛盾冲突，进一步加深学生的理解与思考。

错误引导与发现：故意设置学生可能因惯性思维而犯错的情境，让学生在自我纠错的过程中体验到认知冲突，进而产生强烈的学习动机。

问题解决中的障碍：在解决具体问题的过程中，适时引入新知识点的需求，让学生在实践中感受到学习的必要性，从而主动投入学习。

概念发展历程：沿着数学概念的自然发展轨迹，引导学生逐步深入理解其内涵与外延，培养他们的科学探索精神。

引申与推广：通过引申或推广某一具体问题，不仅扩展了学生的知识面，还提升了他们思维的灵活性与深刻性。

生活应用：紧密联系生活实际，让学生从数学的角度观察世界，理解数学在解决生活问题中的价值，培养他们的应用意识与实践能力。

问题探究中心：将问题解决与探究作为数学课程的核心，通过精心设计的问题情境，激发学生的探索欲，培养他们的批判性思维和创新能力。

问题情境的设计应始终围绕学生的认知需求与发展水平，通过多样化的策略与方法，营造出一种既富有挑战性又充满趣味性的学习环境，让学生在解决问题的过程中不断成长与进步。

（二）利用认知矛盾创设情境

在学习的广阔天地里，矛盾与冲突往往是激发学生探究兴趣与学习欲望的火花。新旧知识的碰撞、个人日常概念与科学严谨概念之间的差异、直觉与常识遭遇客观事实的挑战，这些看似不和谐的因素，实则是构建教学情境的宝贵素材。

教师若能巧妙地捕捉这些矛盾点，精心设计教学情境，便能引领学生踏上一段充满探索与挑战的学习旅程。在这个过程中，学生需要深入分析矛盾产生的根源，积极调动思维，勇于探究未知，热烈讨论。这样的学习活动，不仅能够帮助学生跨越认知的障碍，达到新的知识高度，更能在情感与行为层面促进他们的全面发展。

学生在解决矛盾的过程中，学会了如何面对困难与挑战，如何理性思考、勇于质疑、合作交流。这些宝贵的经验与能力，将成为他们未来学习与生活中不可或缺的财富。因此，教师应充分利用这些矛盾与冲突，为学生搭建起一座连接已知与未知、感性与理性的桥梁，让他们在探索与发现中不断成长。

（三）创设多种感官参与的活动情境

数学教学应是一场以学生为主角的数学活动盛宴，而非单纯的知识灌输过程。建构主义学习理论深刻揭示了学习的本质：知识非传递而得，乃个体主动建构之果。因此，在数学课堂上，教师的角色从知识的传授者转变为学习的引导者与促进者，致力于展现知识的生成脉络，将静态的知识结论转化为动态的探索旅程，鼓励学生积极参与，勇于挑战，付出智力努力，以多种形式深入数学学习。

为实现这一目标，教学模式需彻底转型，摒弃传统的讲授式学习，转而设计充满探索意味的教学环节。教师应灵活运用教材，不拘泥于既定内容，根据教学优化的需求对教材进行创造性加工，确保教学活动贴近学生实际，符合其年龄特征与认知规律。通过巧妙转化，将课本中的例题、讲解与结论转化为生动具体的数学活动，学生在实践中体验、在探索中成长，真正成为学习的主人。

第二节 探究教学设计

一、探究性学习的含义

探究性学习是一种深度且主动的学习方式，它强调在教师的引导下，学生主动从学科领域或现实生活的广阔背景中选取并确定研究主题。这一过程模仿了科学研究的范式，鼓励学生以独立、自主的态度，通过实践、实验、调查、信息搜集、处理及交流表达等多种探究手段，去发现问题、分析问题并最终解决问题。在此过程中，学生不仅能够获得知识与技能的增长，更重要的是，他们能够实现学习能力的全方位发展，包括思维能力、研究方法、情感态度及价值观的塑造与提升。尤为关键的是，探究性学习极大地促进了学生的探索精神和创新能力的培养，这是传统被动接受式学习难以企及的。

从学习方式的视角审视，探究性学习为学生提供了一个开放、多元的选择空间，它鼓励学生根据个人兴趣与需求，灵活选择研究主题与探究路径，从而实现个性化的学习与发展。这种学习方式打破了传统教学的固定框架，赋予了学生更多的自主权与责任感，使学习成为一个主动探索、积极建构的过程。

在课堂教学中实施探究学习必须具备以下条件。

（一）要有探究的欲望

探究，这一词蕴含了深入探讨与研究的深刻内涵，它不仅是学术探索的驱动力，更是每个人内心深处对知识无尽渴望的体现。探究欲，作为求知欲的实质展现，是一种源自内心的力量，它驱动着人们不断追问、不懈探索，解决的是个体"是否愿意"踏上探究之旅的根本问题。

在课堂教学的广阔舞台上，教师肩负着一项至关重要的使命——精心培育并点燃学生内心深处的探究之火，让这份渴望成为推动他们不断前行的内在动力。这意味着，教师不仅要传授知识，更要成为激发学生好奇心、培养学生探究精神的引路人。通过巧妙的教学设计与生动的课堂互动，教师应努力营造一种充满挑战与发现的学习环境，让学生时刻感受到探究的乐趣与魅力，从而让他们在探究的冲动中不断成长，勇攀知识的高峰。

（二）探究要有问题空间

不是什么事情，什么问题都需要探究的。问题空间有多大，探究的空间就有多大，要想让学生真正地探究学习，问题设计是关键。问题从哪来，一方面是教师设计；另一方面是学生提出。

二、探究性学习的主要特点

（一）自主性

相较于被动接受式学习，探究性学习以其独特的魅力，植根于学生的兴趣与好奇心，成为一种积极主动的学习模式。在这种模式下，学生拥有选择探究问题的自主权，他们根据自己的兴趣所在，自主确定研究方向与内容。这种基于内在兴趣的学习动力，使得学习过程不再是外在强加的任务，而是学生内心深处的一种渴望与追求。

当学生投身于自己感兴趣的探究活动中时，学习便自然而然地转化为一种内在需求，他们开始主动承担起学习的责任，积极面对并克服学习过程中遇到的各种挑战与困难。这种"我要学"的心理状态，极大地激发了学生的学习热情与创造力，使他们在探究的过程中不断探索、发现、思考与创造，从而实现了知识的自我建构与能力的全面发展。

因此，探究性学习不仅是一种学习方式，更是一种学习态度的转变，它让学生学会了如何主动学习、如何自主思考、如何解决问题，为他们未来的学习与生活奠定了坚实的基础。

（二）综合性

探究性学习至少体现了两个方面的综合性，一是学习内容的综合性；二是学习活动的综合性。数学学科课程以数学学科为中心。在复杂的社会系统中，分割状态的学科式的问题很少见，现实的问题往往是复杂的、综合的。学生必须综合运用多学科的知识，才能解决现实生活中的问题。学生选择这些综合性问题加以探究，实际上就获得了一个多元、综合的学习机会。学习活动上的综合性表现为学习形式多种多样，可由学生自主选择：或个人独立研究，或组成研究小组集体攻关，或实地调查，或实验验证，或理论探索，或撰写论文和报告，可把几种方式综合起来运用，解决自己所选择的问题。

（三）实践性

探究性学习以学生的主体实践活动为核心脉络，构建了一个"做中学，学中做"

的循环体系，整个学习过程洋溢着浓厚的实践色彩。这一模式首要强调的是学生的亲身参与，它呼唤学生全身心地投入，不仅限于思维的活跃，更要求视觉、听觉、言语表达及动手操作的全方位参与，让个体在体验与感悟中深化理解。同时，探究性学习高度重视学生的探究经验，视个人知识积累、直接生活经验及广阔的生活世界为宝贵的学习资源。它鼓励学生跨越传统界限，勇于探索未知，通过亲身经历与反思，自主"发掘"新知，从而在实践与理论之间架起坚实的桥梁，实现知识的内化与能力的飞跃。

（四）开放性

探究性学习显著地体现了开放性，这一特性主要体现在三个方面。首先，学习内容的开放性。探究性学习不仅限于传统学科领域，而是广泛联结学生的日常生活实际，深入探索自然界、人类社会发展中的实际问题，尤其聚焦于与人类生存状态、社会经济进步及科技革新密切相关的议题。这种学习内容的广泛性和综合性，促使探究性学习超越了单一的书本知识框架，转而构建了一个动态、开放的知识体系，将学科领域延伸至现实世界的各类事件、现象与情境中。

其次，学习时空的开放性。由于学习内容的广泛覆盖，探究性学习不再受限于教室这一物理空间，也不拘泥于固定的课堂时间。它鼓励学生跨越书本与课堂的界限，踏入更广阔的社会领域，利用图书馆、互联网等多元资源，通过调查访问、实地考察等多种方式，最大限度地搜集信息、拓宽视野，实现了课内与课外、学校与社会的深度融合与互动。

最后，学习结果的开放性。探究性学习尊重并鼓励学生的个体差异与创新精神，允许他们根据自己的理解、熟悉的方式及所掌握的资源来解决问题。这种灵活性不仅体现在问题解决的过程中，也反映在学习成果的呈现上。学生可以根据各自的能力、资料掌握程度及思维方式，得出多样化的结论，而非追求统一或标准化的答案。这种学习结果的开放性，为学生提供了更广阔的探索空间与表达自由，促进了其创新思维与批判性思维的发展。

（五）创造性

创造力作为人类主体性的巅峰展现，在探究性学习的旅程中淋漓尽致地展现出来。首先，这一学习过程为学生开启了一个无垠的创新天地。它始于现实世界的未解之谜，引领学生踏入未知的领域。在这里，学生拥有自主选择探究路径的自由，他们的每一步探索、每一次发现，都不受既定框架的束缚，而是在一片无拘无束的天地间自由翱翔。

其次，探究性学习的核心价值远非单纯的知识积累，它旨在激发学生的质疑精神与多元思维能力，鼓励学生勇于挑战既定观念，从多个维度、多个层面深入剖析同一事物，进而将这些零散的见解融合为对事物整体性的深刻理解。更为重要的是，它教会学生如何创造性地运用所学知识，面对新情境时能够做出独到的价值判断，灵活组合既有经验，甚至对既有知识进行革新与重塑。这一过程，不仅是知识的拓展与深化，更是创新精神与创造能力的持续滋养与提升。

三、探究内容的选择

（一）选择探究内容的意义

探究内容是教学探究目标达成的基石，其选择与实现探究目的紧密相连，任何探究目标的达成均需依托特定的探究对象。恰当的探究内容不仅是达成目标的必要条件，还是设计学习材料、规划学习环境和教学条件的重要依据。探究目标虽不直接决定这些要素，但通过探究内容的具体要求，为它们设定了明确的指向与基础。这一过程不仅实现了学习材料、学习环境和教学条件的具体化，也为探究目标的具体实施奠定了坚实基础。

（二）探究内容选择的范围

探究内容的范畴虽根植于学科知识体系，但其选择边界却远远超越了这一框架的局限。具体而言，探究的焦点往往聚焦于高度具体化的实例，与数学等学科知识体系中的抽象概念形成鲜明对比。这些实例可能源自社会的广阔天地、科学探索的深邃领域，乃至学生个人成长的心路历程。

在划定探究内容的广泛疆域时，我们着重提出了以下几个核心领域：教科书，作为学科知识的精粹与教师教学的便捷资源，自然位居首选，其内容的系统性与可操作性为探究学习提供了坚实的基础；社会生活问题，则引领学生走出书本，直面现实世界的复杂与挑战，通过探究社会现象与问题，深化对社会的理解与认知；而学生自身的发现，更是探究学习不可或缺的宝贵财富，鼓励学生从自我体验出发，勇于探索未知，培养独立思考与自我反省的能力。这些领域相互交织，共同构成了探究性学习丰富多彩的内容体系。

（三）探究内容选择的依据

探究目标在内容选择上起着决定性作用，具体体现在知识目标界定了内容选择的范畴，确保所选事例在知识体系内具有代表性；技能目标则引导内容选取的角度，促进技能的培养；而态度目标则影响内容的呈现方式，塑造学生的积极学习态度。

此外，学生的学习准备情况和学习特征也是探究内容设计的重要考量。学习准备情况揭示了学生现有的学习基础，直接决定了探究内容的难易程度，确保内容与学生能力相匹配。而学生的学习特征，如认知风格、信息处理方式等，则对探究内容的具体形式（抽象或形象）、概括程度或具体程度等提出了具体要求，促进个性化学习体验。

（四）探究内容选择的原则

1. 适度的原则

探究教学中的"适度"原则，首要体现在工作量与难度的精妙平衡上。探究内容既不应繁复冗长，耗费过多时间与精力，以免消磨学生探究的热情；亦不应浅显直白，轻易得出结论，导致探究过程失去挑战性。每一次探究应聚焦一个核心问题，确保学生通过一次探究循环即可获得满足感与成就感，同时避免对证据进行不必要的深入挖掘。

而"适度"的核心，更在于难度设定的恰到好处。这一理念深深植根于"最近发展区"理论之中，即探究问题的难度应恰好落在学生现有能力与潜在发展水平的交界地带，使学生通过不懈努力能够触及并超越现有水平。适宜的难度赋予探究内容适度的开放性与不确定性，变量数量需控制在学生可驾驭的范围内，既激发学生的好奇心与探索欲，又避免过多变量引发的困惑与挫败感，从而在挑战与激励的双重作用下，促进学生认知能力的稳步提升。

2. 引起兴趣的原则

学生主体性的发挥根植于内在动机的激发，而探究教学正是以学生主体性为核心，故需充分激发其内在动机。探究内容在此扮演着关键角色，是学生持续探究的动力源泉。能引发学生兴趣的内容，首要满足其现实需求，这正是科学教育贴近学生生活、选择实用内容的缘由。同时，超越常规却合乎情理的问题亦能激起学生好奇心，促使他们渴望了解。此外，具备一定挑战性的问题同样吸引学生，他们天生好奇，乐于探索未知，解决问题后的成就感与满足感更是激励他们深入探究的强大动力。

3. 可操作性的原则

探究教学的特性要求探究内容必须具备可操作性，即内容应是以问题形式呈现，且能通过一系列有序的探究活动得出答案。这遵循两大标准：首先，探究结果需与特定变量间存在明确的因果关系，且这种关系能通过演绎推理得以确立。缺乏因果关系的探究将无果而终，而未能以演绎方式确立的因果联系则导致探究活动缺乏严谨性，学生难以把握。其次，这种因果关系需在现有条件下得以验证，这包括物质条件（如学习材料、实验设备）及学生的知识、技能准备。尽管部分内容可能不具备直接操作性，但采用探究方法能加深学生对其理解。此时，我们可通过内容转化策略，如推演原内容并验证推论，以证实原内容的正确性。

（五）探究性学习的一般步骤

1. 选择问题

在纷繁复杂的问题情境中，筛选并确定合适的探究问题至关重要。这一过程应遵循五大原则以确保探究活动的有效性与价值。

首先，科学性原则是基石，它要求所选问题既能促进学科知识的应用与深化，又需具备可研究价值，避免重复探究已被证伪的议题。

其次，因地制宜原则强调问题选择的适应性，问题需紧密贴合学生的认知水平、所处环境及主客观条件，包括地域文化、自然环境、学校资源、个人条件等，确保探究活动的可行性与针对性。

再次，可操作性原则确保问题切实可行，通过学生的努力与探索能够得出合理结论，避免设置超出学生能力范围的难题。

复次，实效性原则注重问题与学生知识体系的关联性及其在生活实践中的应用价值，鼓励学生将所学知识应用于解决实际问题，实现学以致用的目标。

最后，前瞻性原则鼓励学生展望未来，关注科技发展的最新动态与前沿问题。我们虽非直接探究高新科技项目，但旨在培养学生的前瞻思维与对新信息的敏锐捕捉能力，为其成为未来的建设者与创新者奠定坚实基础。

2. 提出假说

假说的构建是科学探索的核心步骤，其规范化至关重要。首先，假说应具备解释力，即与现有经过验证的事实及科学理论相和谐，避免任何矛盾之处。其次，假说应包含两个或更多变量，并清晰预测自变量与因变量之间的关联，为后续研究提供明确方向。再次，假说的可操作性与可检验性是确保其科学价值的关键，确保实验设计与数据分析能够验证其真伪。最后，假说的表述应力求简明扼要且精确无误，以便同行评审与后续研究的顺利推进。

3. 实施探究

实施探究阶段是探究性学习的核心环节，它标志着学生从理论迈向实践的关键一步。在这一阶段，学生将围绕既定问题，积极投身于信息的收集与筛选工作之中。教师应当扮演起引导者与支持者的角色，为学生提供必要的帮助与指导。

首先，在信息收集的方法论层面，教师应引导学生掌握多元化的信息获取途径。这包括但不限于细致入微的观察、严谨科学的试验、深入实际的调查、精确无误的测量，以及充分利用互联网这一信息宝库进行资料检索。通过这些多样化的手段，学生不仅能够拓宽信息来源，还能在实践中锻炼自己的信息收集与处理能力。

其次，教师需强调团队合作的重要性，鼓励学生之间建立积极的互助关系。在探究性学习过程中，单打独斗往往难以应对复杂多变的问题与挑战。因此，教师应引导学生学会与他人合作，共同分担任务、分享资源、交流思想。通过团队合作，学生可以借助集体的智慧与力量，更有效地解决问题，同时他们也能在相互学习中不断提升自己的综合素养。

当学生完成信息收集工作后，教师应引导他们利用新获取的信息对原有问题进行重新审视与深入剖析。在这一过程中，质疑、交流、研讨与合作将成为推动探究深入发展的关键力量。学生将围绕问题展开热烈的讨论，分享各自的见解与发现，通过思想的碰撞与融合，逐步逼近问题的本质与真相。而教师则需全程参与学生的讨论过程，及时给予必要的指导与反馈，确保探究活动的顺利进行与深入发展。

4. 解释结论

在科学探究的深入阶段，学生依托于前一阶段扎实的实证基础，运用逻辑推理的锐利工具，精准剖析问题核心，逐步揭示其内在因果关系，从而构建出个人独到的见解与解释。此阶段，学习的焦点转向新旧知识的深度融合与拓展，学生需巧妙地将实证探究的宝贵成果，如同镶嵌宝石般，镶嵌于既有知识框架之中，实现知识体系的迭代升级。

　　具体而言，学生需对探究过程中收集的海量数据进行精心处理，运用统计学方法提炼信息精华，通过对比分析挖掘数据间的内在联系，再经由抽象归纳的提炼过程，逐步抽丝剥茧，直至洞察问题的本质。这一过程不仅考验着学生的数据分析能力，更是对其逻辑思维与批判性思维的综合锻炼。

　　随着科学解释的逐渐成形与结论的清晰呈现，学生不仅收获了知识的增长，更在理性思维的磨砺中，学会了如何以科学的态度面对问题、分析问题并解决问题。这一过程，不仅是知识的积累，更是学习方法的精进与学习习惯的升华。学生逐渐养成独立思考、勇于质疑、严谨求实的科学精神，为未来的学习与探索奠定了坚实的基础。

5. 评价反思

　　在科学解释得以明晰之后，一个不可或缺的环节便是对整个探究性学习过程进行全面而细致的总结评价。这一过程不仅是对学习成果的回顾与反思，更是对学习方法、学习态度及团队协作等多方面能力的综合审视与提升。

　　总结评价的形式可以灵活多样，既可以是口头上的即时反馈，也可以是书面上的详尽记录。口头总结能够迅速捕捉学生的即时感受与见解，促进思维的交流与碰撞；而书面总结则有助于系统梳理学习历程，深化对探究过程的理解与记忆。无论采取何种形式，我们都应当鼓励学生积极参与，勇于表达自己的看法与收获。

　　在总结评价的过程中，自评与互评相结合的方式尤为重要。自评能够促使学生进行自我反思，认识到自己在探究过程中的优点与不足；而互评则能够让学生从他人的视角审视自己的学习表现，发现未曾注意到的细节与问题。通过自评与互评的结合，学生可以相互学习、取长补短，共同提升探究能力与综合素质。

　　此外，总结评价还应注重体验探究的乐趣与成就感。探究性学习不仅是一个获取知识的过程，更是一个充满挑战与发现的旅程。在这一过程中，学生应当体验到探究的乐趣与成就感，从而激发对科学探索的浓厚兴趣与持续动力。因此，在总结评价时，教师应充分肯定学生的努力与成果，鼓励他们继续保持对未知世界的好奇心与探索欲。

　　最终，通过全面而深入的总结评价，学生将逐渐养成良好的学习习惯与科学的学习方法。他们将学会如何有效地收集与处理信息、如何运用所学知识解决实际问题、如何与他人合作与交流等关键技能。这些技能将伴随他们一生，成为他们不断追求真理、探索未知的强大动力。

第三节　合作教学设计

一、合作学习的意义

　　合作学习，作为新课程改革浪潮中熠熠生辉的一朵奇葩，正逐步在基础教育的广阔舞台上绽放其独特魅力。这一学习模式的推广，不仅顺应了教育发展的时代趋势，更深刻地改变了传统课堂的生态，使之焕发出生机勃勃的新面貌。

合作学习之所以备受推崇，关键在于其营造了一种鼓励探索、倡导交流的优质学习环境。在这样的氛围中，学生不再是孤军奋战的个体，而是相互依存、共同进步的团队成员。他们围绕着共同的学习目标，积极投身于思想的碰撞与智慧的交融之中，每一次的讨论与分享都是对未知世界的勇敢探索，每一次的合作与协助都是对团队精神与竞争意识的深刻实践。

这一过程，不仅是知识的传递与积累，更是学生综合素质的全面提升。合作学习激发了学生的探索欲与求知欲，让他们在解决问题的过程中学会了独立思考与批判性思考；同时，它也培养了学生的合作意识与竞争意识，使他们在相互支持与良性竞争中不断成长。此外，合作学习还促进了学生良好学习习惯的养成，如主动学习、积极思考、勇于提问等，这些习惯将成为他们终身受益的宝贵财富。

尤为重要的是，合作学习为不同层次的学生提供了广阔的发展空间。在合作小组中，学生可以根据自己的能力与兴趣承担不同的角色与任务，实现学习资源的优化配置与优势互补。这种个性化的学习方式，既保证了每个学生都能在适合自己的节奏下进步，又促进了他们之间的相互学习与共同进步。

总之，合作学习作为一种有效的学习方式，不仅丰富了课堂教学的内涵与外延，更为学生的全面发展提供了强有力的支撑。在未来的教育实践中，我们应继续深化对合作学习的研究与探索，不断创新与完善这一学习模式，以更好地适应时代发展的需要，培养出更多具有创新精神与实践能力的高素质人才。

（一）强调学生的主体参与，强调同学之间的相互合作

学习之旅，是学生全身心投入的探索与体验。在这个过程中，学生不仅是思考的智者，更是感官的探险家，他们用眼观察世界的多彩，用耳倾听知识的声音，用口表达内心的见解，用手实践创意的火花。这种全方位的学习方式，让学生以身心合一的姿态，深刻经历、感悟并体验知识的魅力与力量。

合作学习模式的引入，正是对这一理念的生动实践。它彻底颠覆了传统课堂中的单一、被动与陈旧，构建了一个以学生自主学习、相互沟通为核心的新型学习生态。在合作学习的舞台上，每个学生都是主角，他们通过小组合作、讨论交流、共同探索，不仅深化了对知识的理解与掌握，更在互动中学会了倾听、尊重与协作。这种基于学生主动性的教学模式，有效激发了课堂的活力与潜力，成为提升教学效率、促进学生全面发展的永恒资源。

（二）以"要求人人都能进步"为教学宗旨

合作学习致力于构建一种充满心理自由与安全感的学习环境，让学生在这片自由呼吸的天地间，不仅能够深切体验到自我价值的实现，更能深刻感悟到作为个体的尊严与价值。这种积极的心理体验如同一股清泉，源源不断地激发着学生的学习兴趣与热情。小组合作的学习模式，更是巧妙地促进了学生间心理的相互支持与互补，使得每位成员都能在团队中找到归属感与认同感。

与此同时，合作学习的实施还伴随着评价制度的革新，这一新型评价制度如同催化剂，有效激活了学生的学习潜能，鼓励他们在探索与实践中不断超越自我。这一转变，从根本上颠覆了传统课堂中的社会心理氛围，打破了以往教学模式中少数学生独占鳌头的格局，实现了教育公平与全面发展的双赢。

最终，合作学习以其独特的魅力，引领着教学走向了一个全新的高度，它不仅仅是教学方法的革新，更是教育理念的深刻变革。在这一模式下，教学不再仅仅追求知识的灌输与技能的训练，而是更加注重学生个体的全面发展与潜能的挖掘，从而真正实现了教育的根本目的——促进每一个学生的全面发展与终身成长。

（三）倡导"人人为我，我为人人"的学习理念

合作学习的精髓，在于它构建了一种在团队意识引领下的集体学习范式。这一过程中，学生间的分工明确而协作紧密，学习成果的评价则聚焦于整个小组的表现，而非单一个体。这样的机制深刻影响了学生的心态，使他们深刻体会到"我们是一个整体，同舟共济，共享荣耀与挫败"。

相较于传统教学模式中个体间的独立奋战与激烈竞争，合作学习转而倡导一种基于相互合作与群体动力的学习生态。它不仅促进了学生之间的积极互动与资源共享，还在无形中培养了学生的团队合作意识与个体责任感。在这种学习环境中，学生学会了如何在团队中发挥自己的长处，同时也学会了如何为团队的共同目标贡献自己的力量。这种转变，不仅提升了学习的效率与质量，更为学生的未来发展奠定了坚实的基础。

（四）培养学生的合作互助意识，形成学习与交往的合作技能

合作学习作为一种多维度的学习模式，其深远影响远超乎知识传递的范畴。在这一过程中，学生被鼓励对学习内容进行深度自我解读与理解，同时，他们还需掌握一系列至关重要的交往技能：清晰表述个人见解、耐心倾听他人声音、勇于提问以激发思考、真诚赞扬促进团队氛围、积极支持同伴成长、巧妙说服达成共识，以及开放心态采纳不同意见。这些技能的培育，不仅满足了学生当前学习与社交的双重需求，更为他们未来在学习与生活中的持续发展奠定了坚实的基础。

合作学习之所以具有鲜明的时代意义，是因为它超越了传统教育模式的局限，实现了从单纯的知识传授向全面能力培养的转变。它不仅关注学生的认知发展，更注重在学习过程中情感与人格的塑造，力求促进学生成为一个完整而独立的个体。通过合作学习，学生不仅学会了知识，更学会了如何与人相处、如何解决问题、如何面对挑战，这些能力将伴随他们步入社会，成为自由享受生活、积极建设生活的强大支撑。

因此，合作学习不仅仅是一种教学方法的革新，更是对教育本质的一次深刻反思与回归。它全面体现了教育的多重功能：教育功能，即通过知识的传授促进学生智力的成长；发展功能，即通过综合能力的培养推动学生个体的全面发展；以及享用功能，即为学生未来的生活品质与幸福感奠定坚实的基础。

二、明确合作学习的任务及内容

合作学习的本质，是以明确的教学目标为灯塔，精心选择并设计合作学习内容，确保其既紧扣教学目标，又具备合作探讨的价值与可能。内容的选择需经过深思熟虑，既要考量其必要性，也要评估其可行性，确保所选活动适合多人协作，内容量适中且难度恰当，既能激发学生的探索欲，又能保证合作的深度与广度。

为实现合作学习的有效性，每个小组需被赋予清晰的任务指南，组内成员则需基于这些任务进行细致的分工，确保每位成员都肩负明确的个人职责。同时，合作学习的任务设计需恰到好处，既要具有一定的挑战性，让学生感到单凭个人之力难以圆满解决，又要具备合作解决的潜力，通过团队的协同努力、智慧碰撞与经验交流，能够达成甚至超越预期目标。对于过于简单或更适合个人独立完成的任务，我们则应避免采用合作学习方式，以免浪费资源，影响学习效率。

（一）教材的重点、难点内容

在每节数学课的教学中，总有需要重点解决的问题，这些问题都是值得合作讨论的。

（二）实践操作的内容

新课程数学教材巧妙地融入了实践性学习元素，鼓励学生积极参与、动手操作，并在小组讨论中畅所欲言，充分展现每位学生在学习过程中的主体地位。这种教学模式不仅促进了学生主动探索知识的积极性，还使得他们在实践中深化理解，将抽象的数学概念转化为具体可感的经验。

通过操作与探究的结合，学生不仅掌握了数学知识的精髓，更重要的是学会了如何学习——他们掌握了学习方法，学会了如何运用逻辑思维去分析问题、解决问题。这一过程中，学生的动手操作能力得到了显著提升，他们开始习惯于通过实践来验证理论，用双手去触摸数学的奥秘。

新课程数学教材的设计理念，旨在通过增强学生的参与度与实践性，培养其自主学习能力、团队协作能力及创新思维，从而实现知识的全面掌握与能力的多维发展。

（三）解决问题的关键处

它是数学教学中解决问题的"突破口"，如果组织学生通过合作学习，能够促进问题的顺利解决。

（四）寻找解决问题方法处

学生思维能力的多样性与思考角度的差异性，自然导致他们在解决问题时的速度与方法上展现出各自的特点。为了充分利用这一优势，教学过程中我们应积极组织学生在探寻解题策略的环节展开讨论。这样的互动不仅为学生搭建了相互启发的平台，还促进了思维火花的产生。在讨论中，学生们能够相互借鉴、集思广益，从而更顺畅地探索出多样化的解题方法。更重要的是，这种交流还能引导他们进一步筛选与优化，共同寻找出更为高效、适宜的解题路径，实现学习成效的共同提升。

（五）开放性的训练题

深化理解，精准判断：为了确保学生对数学基础知识的牢固掌握，我们应避免机械记忆，转而采用判断训练法。在小组合作学习中，我们鼓励学生针对给出的判断题进行深入探讨，阐述各自的理由与依据。这一过程不仅能够帮助学生澄清认知上的模糊点，还能在互动交流中深化其对知识的理解，逐步实现知识的内化与掌握。

思辨辨析，明晰概念：针对数学中易混淆的知识点，我们设计专门的思辨训练。通过精心编排的对比题组，我们引导学生在小组内展开讨论与辨析。在思维的碰撞与交融中，学生将学会如何区分相似概念，形成准确而清晰的认知框架，从而有效避免混淆，提升解题准确率。

求异创新，拓展思维：小组学习为学生提供了独立思考与集体智慧的双重滋养。在此基础上，我们鼓励学生进行求异创新训练，旨在激发学生的发散思维与创新能力。面对同一问题，我们引导学生探索多种解法与解题策略，这不仅能够拓宽学生的解题思路，还能在比较与优选中培养学生的批判性思维与创新能力，为其未来的学习与生活奠定坚实的基础。

三、学生合作行为的指导

（一）养成良好的"倾听"习惯

在合作学习中，倾听是一项至关重要的技能，它要求学生展现出高度的专注与耐心。为培养学生的良好倾听习惯，教师应从四方面着手强化训练：首先，引导学生全神贯注地聆听他人发言，通过眼神交流、微笑点头等肢体语言传递积极反馈；其次，鼓励学生边听边思考，捕捉并记录下关键信息，同时评估发言内容的合理性与价值；再次，教育学生尊重每位发言者，避免中途打断，不同意见应待对方陈述完毕后再礼貌提出，并在需要澄清时运用文明用语；最后，引导学生培养同理心，尝试从发言者的立场出发，深入理解其观点与感受，以促进更深层次的理解与共鸣。

（二）养成良好的"表达"习惯

表达，作为沟通的核心，不仅依赖于语言这一基本工具，还常辅以多样化的形式以增强信息传递的效果。在合作学习中，学生的表达能力尤为关键，它直接关乎信息能否被同伴准确、高效地接收。为此，教师需从多维度为学生提供支持：

首先，强化"预思后言"的习惯培养，鼓励学生在发表见解前进行深入思考，确保发言内容围绕核心、条理清晰。对于复杂观点，我们提倡学生事先进行书面整理，以提升表达的精准度与逻辑性。

其次，注重"表白"技巧的传授，即引导学生学会通过解释来阐述自己的想法，而非仅仅停留在表面的陈述。实践证明，深入的解释能够极大提升信息传递的广度和深度，使听众更全面地理解并接受观点。

最后，针对学生在表达中可能遇到的"词不达意"的困境，教师应指导学生灵活运用面部表情、肢体语言、图示演示及角色扮演等辅助手段。这些非言语形式的恰当运用，能够有效弥补口语表达的不足，增强表达的感染力和说服力，从而确保合作学习中信息交流的顺畅与高效。

（三）养成良好的"支持"与"扩充"习惯

合作学习的核心精神在于伙伴间的互助与支持，这不仅体现为行动上的协作，更蕴含于情感的鼓励与智慧的共享之中。因此，教师应积极引导学生学会如何以多种方式表达对他人意见的支持与赞赏，并进一步通过扩充与补充来深化讨论。具体而言，教师可指导学生运用富有鼓舞性的口头语言，如"你的想法真是独到！""你的见解令人眼前一亮！"等，来直接表达对他人的肯定与欣赏。同时，我们不可忽视的是肢体语言的力量，点头、微笑、赞许的眼神、竖起的大拇指乃至轻轻击掌，都是传递正面情感与支持的有效方式。在此基础上，我们鼓励学生不仅止于简单的赞同，更应学会复述并补充他人的观点，通过整合与拓展，共同构建起更加丰富、多元的知识体系与思维框架。

（四）养成良好的"求助"和"帮助"习惯

在合作学习的实践中，信息交流的主渠道在于学生间的互动，而学习任务的圆满达成，往往依赖于他们之间的相互协商与协作。鉴于此，教师需着力培育学生建立起积极的"求助"与"帮助"文化，以构建更加和谐高效的学习共同体。

首先，教师应教导学生在遭遇学习难题时，勇于向同学求助，并清晰地表达自身的困惑所在，以便获得针对性的帮助。这一过程中，礼貌与尊重至关重要，学生应以商量的语气提出请求，并善用"请"字，展现良好的素养。在接受他人帮助后，学生及时表达感激之情，以维系良好的人际关系。

其次，教师应鼓励学生主动展现同理心，学会关心他人的学习进展。当学生自信满满地表示"不懂找我，我会帮助你的"时，他们不仅传递了温暖与支持，也促进了学习资源的共享。

最后，提供帮助的质量同样不容忽视。教师应引导学生以热情、耐心且富有价值的方式援助他人，确保帮助能够真正解决问题，促进双方共同成长。通过这样的培养，学生将在合作学习中不仅获得知识的增长，更学会如何成为彼此成长道路上的坚实后盾。

（五）养成良好的"建议"和"接纳"习惯

在合作学习的实践中，营造开放包容的学习氛围，促进学生间的良性互动与相互启发至关重要。教师应着力引导学生超越"从众心理"的束缚，激发他们的批判性思维能力。具体而言，这要求教师首先鼓励学生独立思考，勇于且以礼相待地表达个人独到见解，不畏与众不同；同时，教师应培养学生虚心接纳他人意见的习惯，使他们在听取不同声音的过程中，能够审视并修正自己的观点，实现思想的成长与完善；更进一步，教师应鼓励学生勇于自我反省，当发现自身错误时能够坦然承认，并展现出对持不同意见同学的尊重与支持，即使这些意见与自己的看法相左，也能欣赏其合理性，共同推动合作学习的深入与发展。

四、教给学生合作学习的方法，形成良好的习惯

合作学习是一种集个人智慧与集体力量于一体的学习模式。在此模式下，学生需掌握多项关键技能：既要能担任中心发言人，以流畅清晰的语言阐述观点，展现个人风采，又能有效说服他人；也要学会倾听，敏锐捕捉发言中的独特见解与差异之处，培养批判性思维，勇于质疑、反驳，不盲目接受，而是积极提出自己的疑问，并运用所学知识和经验进行有理有据的回应。同时，学生还应具备更正、补充他人观点的能力，以及求同存异的包容心态，使合作讨论成为一场智慧碰撞与真理探寻的盛宴。

此外，为了确保合作学习的深入与实效，教师必须赋予学生充分的自由时间与空间。若时间或空间受限，合作学习将难以充分展开，其质量也将大打折扣，最终可能沦为形式化的空壳。因此，教师应精心设计合作学习的各个环节，确保学生有足够的时间进行深入思考、充分交流，以及必要的反思与总结，从而真正实现合作学习的价值，促进学生全面而深入的发展。

五、合理评价合作学习，调动参与学习的积极性

在合作学习模式中，学生作为学习活动的核心主体，其积极性与主动性的激发离不开适时且合理的评价机制。当学生在合作学习中展现出卓越的能力，如提出深刻问题、发表精彩见解或完成出色操作时，来自同伴的敬佩与教师的肯定将成为他们持续探索的强大动力。这种正面的反馈不仅让学生深刻体验到合作学习的乐趣，更为他们铺设了主动成长的阶梯。每一次的认可都是一次成功的积累，它如同催化剂，促进学生自信心与自我认同感的形成，进而激发其深层次的内在学习动机。

合作学习的评价体系独具特色，它强调学习过程与学习结果并重，但更为侧重的是学习过程中的成长与变化。同时，评价视角也实现了从个体到集体的拓展，既关注小组成员个人的贡献，又尤为重视整个合作小组的集体表现。具体而言，评价内容涵盖了小组活动的组织有序性、成员参与的积极性与深度、汇报展示的质量及合作学习最终成效等多个维度，旨在全面、客观地反映合作学习的真实面貌，促进每一位学生的全面发展。

高校数学教学评价

第一节 基于多元智能理论的数学教学评价

一、多元智能理论概述

（一）多元智能理论的产生及内涵

智能，作为人类在面对挑战与创造过程中的卓越展现，是多种文化环境共同珍视的一种综合能力。世界知名教育心理学家加德纳提出的多元智能理论，是对传统单一智力观念的一次革新。他主张，智力并非局限于某一固定框架，而是在特定社会与文化价值背景下，个体为应对复杂难题、创造实用价值产品所展现出的多样化能力。评估一个人的智力水平，关键在于审视其解决现实问题的能力以及在自然和谐环境中激发出的创造力。加德纳进一步指出，智力并非传统观念中那种以语言和数学逻辑为核心、高度整合的单一形态，而是由多种相对独立、以多元化形式并存的智力元素共同构成的综合体系。

（二）加德纳多元智能理论的依据

1. 对大脑损伤病人的研究

大脑生理学的深入探索揭示了大脑皮层内部结构的精妙分工，其中分布着专门负责不同智力功能的生理区域。这一发现意味着，当大脑皮层的某个特定区域受损时，它所对应的特定智力能力会受到影响甚至丧失，而这一过程却不影响其他智力的正常运作。具体而言，若左前叶的布罗卡区受损，个体的语言能力将遭遇障碍，但其数学逻辑与身体运动等能力仍可保持完好；同样，右脑颞叶的特定区域若受损，则音乐感知与节奏感等智力将受损，影响唱歌、跳舞等技能，而其余智力功能则依旧健全；再者，大脑额叶某区域的损伤会导致自我认知与社交交流能力的下降，但个体的其他认知与社会功能则不会因此受损。这一系列观察强有力地证明了，人类智力并非单一整体，而是由多个相对独立且由不同大脑皮层区域主导的智力系统所构成。

2. 对智力领域与符号系统关系的研究

加德纳深刻指出，智力并非虚无缥缈的抽象概念，而是依托符号系统得以具体呈现与表达的实体。在多元智力的框架下，每一种智力形式均依托一种或多种独特的符号系统作为支撑与表达媒介。譬如，言语－语言智力借助语言符号的编织展现其魅力，而空间－视觉智力则通过图像符号的描绘来映射世界的多彩。画家以画笔为媒，捕捉并传达他们对世界的深刻感悟，观众则通过这些画作感受画家的内心世界。不同智力领域展现出显著的相对独立性，这种独立性进而催生了符号系统的独特性与多样性，每个智力领域均拥有其专属的信息接收、传递方式及问题解决的独特策略。

3. 对某种能力迁移性的研究

加德纳的多元智力理论深刻指出，人类智能呈现出多样化的面貌，这些智能在多数情况下是各自独立展现的，它们之间的联系往往并不紧密。尽管智能之间理论上存在迁移的可能性，但在日常情境中，一种优势智能很难自发地迁移到另一种相对较弱的智能上。即便通过刻意的强化训练或专项练习，这种迁移也显得尤为艰难，因为每种智能都承载着其独特的优势与特性，这些特性和优势难以直接跨越智能界限相互转化。这一发现从另一维度强化了加德纳的观点，即多元智力框架下的各种智能是相互独立的，各自遵循着不同的发展轨迹与规律。

4. 对某种能力独特发展历程的研究

深入探究各类能力的发展轨迹与规律，我们不难发现，个体内部的各种智力呈现出显著的不平衡发展态势。在多元智力的架构下，每一种智力均遵循着独特的萌芽与成长轨迹，它们萌发的时机各异，经历的"平稳发展期"与"迅猛高峰期"也不尽相同。这一发现深刻揭示了智力发展的复杂性与多样性。

5. 对不同智力领域需要不同神经机制或操作系统的研究

在探讨智力的多样性时，我们认识到不同的智力领域根植于独特的神经机制或操作系统。以音乐—节奏智力为例，其核心精髓在于对声音高低变化的敏锐辨识能力，这一能力在大脑中占据着特定的神经区域，即拥有其专属的神经处理机制。当前的研究焦点在于，通过科学的方法"探寻"并界定各类智力中的核心构成要素，进而精确定位这些要素对应的神经部位。这一过程的最终目标是验证，不同智力领域的核心功能确实是基于相互独立的神经机制运行的，从而进一步证实智力多元性的生物学基础。

6. 对环境和教育影响的研究

智力的发展轨迹与表现形式深受社会文化环境和教育条件的双重塑造，这一现象清晰地揭示了智力发展的多元性与情境依赖性。在各种社会文化背景与教育环境下，尽管个体普遍蕴含多种智力潜能，但这些智力的发展方向与程度却展现出鲜明的差异，凸显了环境与教育对智力塑造的深远影响。更进一步，这些外部因素不仅决定了智力发展的路径，还深刻地影响着个体的思维内容与模式，以及人际交往（包括人与人之间、人与自然之间）的内容与方式，共同编织出丰富多彩的人类社会图景。

二、多元智能理论指导数学教学评价的可行性

（一）多元智能对评价的指导

加德纳对传统教育模式提出了批判，将那种过分聚焦于语言和数理逻辑智能的培

养方式称为"单一路径教育"。为了促进每位学生的全面发展，确保他们能通过契合自身智能特质与学习风格的方式展现学习成效，我们应以多元智能理论为基石，构建多元化的评价体系，采用多渠道、多策略对学生进行全面评估。这一评价体系旨在广泛覆盖多个维度，引导学生自我认知，明确个人智能优势所在，并巧妙地在其优势智能与待提升智能之间搭建桥梁。如此设计，不仅旨在增强每位学生的学习自信，更旨在激发他们的创造力潜能，让每个学生都能在适合自己的舞台上绽放光彩。

（二）多元智能促进学生的智能发展

多元智能理论倡导的评价观，旨在促进学生的全面发展与个性化成长。评价的核心在于帮助学生自我认知智能的长处与短处，为他们的学习旅程提供建设性反馈，进而激励他们采取个性化学习策略，既深化优势智能，也弥补弱势领域。鉴于问题解决往往依赖于整体智能的协同作用，评价目标应双管齐下：一方面促进各项智能的均衡发展，另一方面强化智能间的协同效应，提升综合智能水平。

教学实践中，教师应灵活调整教学策略，以适配学生多样化的智能特征，并在课堂上敏锐捕捉学生多元智能的展现。通过精心设计的教学活动，如语言智能教学中的故事讲述、逻辑数学智能培养中的问题解决与分类讨论、空间智能激发中的图像化学习、肢体运作智能锻炼中的角色扮演与动手操作，以及自我省思智能强化中的反思练习与目标设定等，教师能够抓住每一个教育契机，让学生在数学课堂中也能利用自己最擅长的智能方式深化理解，实现知识的内化与拓展。这一过程不仅丰富了教学手段，更促进了学生智能的全面发展与个性化成长。

（三）多元智能观下的评价体系

传统的课程评价体系往往聚焦于学生对知识掌握的量度与考试成绩的高低，忽视了学生全面发展的多维性。随着新课程改革的深入，课程评价观念发生了根本性转变，其倡导将形成性评价、发展性评价与终结性评价有机融合，以更全面地反映学生的成长轨迹。具体而言，这一评价体系应涵盖以下几个方面：

首先，重视学生在自主学习与合作学习中的表现，如主动性、积极性、投入度、团队协作精神及创新能力，这些非智力因素的发展同样是学生综合素质的重要体现。

其次，关注学生在学习过程中情感态度与价值观的演变，鼓励学生形成积极向上的学习态度和正确的价值观，促进其心理健康与品德修养的提升。

再次，评价学生是否对周围事物及社会现实保持高度的关注与敏感性，这不仅能够增强学生的社会责任感，还能提升其将所学知识应用于解决实际问题的能力。

复次，全面考查学生在学习过程中各项能力的发展，包括但不限于表达能力、想象能力、动手能力、思维能力、自学能力及创新能力等，这些能力的综合提升是学生全面发展的关键。此外，教师还应关注学生在学习及课后自我学习中积累的成果，如完成的学案、学具制作、图表绘制、家庭作业以及各类考试成绩等，作为评价其学习成效的重要依据。

最后，通过对学生成绩的横向与纵向对比，教师客观分析学生的进步情况，鼓励其自我反思与持续进步。

在日常课堂教学中，教师融入多元智能理论的评价体系，强调在真实情境中对学生进行综合评价，使评价成为学生自然学习过程中的一部分。对于数学学习活动的科学评价，其核心在于其促进发展的可持续性，即通过评价激励学生学习、指导学生改进、推动教师优化教学过程，最终实现学生与教师多方面、多角度、多元化且可持续的未来发展。

三、对应用多元智能理论指导数学教学评价的反思

因材施教，这一源自孔子春秋私学实践的教育智慧，历经世代传承与发展，至今仍被视为教育领域的璀璨明珠与核心原则。多元智能理论的提出，赋予因材施教新的时代内涵，它深刻揭示了学生智力结构的多样性与差异性，强调智力并非单一维度上的水平高低，而是多维组合下的独特展现。正如资源需适位方能显其价值，学生的智能亦需慧眼，方能发掘其潜在宝藏。

在这一理论框架下，教师需秉持开放包容的心态，正视并尊重每位学生的独特性，通过因材施教，将学生的优势智能作为学习的催化剂，促进其弱势智能的协同发展。这意味着，教师不仅要纵向关注学生的成长轨迹，还需横向比较其智能结构的变化，灵活调整教学策略，以多样化的教学方法适应不同学生的学习风格与认知偏好，通过引导学生运用其强势智能辅助弱势智能的学习，实现学业上的全面进步与潜能的最大化释放。

多元智能理论的兴起，是对传统智能观念的一次深刻革新，它促使我们重新审视学生、课程与评价。它倡导一种积极向上的学生观，相信每个学生都蕴藏着独特的智慧潜能；鼓励教师树立个性化的课程观，根据学生智能特点定制教学内容与方法；推行"量体裁衣"式的多元化评价，关注过程与结果的双重维度，以促进学生全面而可持续的发展。在这一变革中，教师成了学生潜能发掘与智能成长的引路人，共同编织着教育多样化的美好图景。

四、基于多元智能理论数学评价体系的重构

（一）数学评价目标多元化

基础教育阶段的数学教育，其本质在于奠定坚实的数学基础，旨在提升学生的基本数学素养，使他们学会以数学的视角审视世界，运用数学思维剖析现实，并用精准的数学语言阐述所见所感。鉴于智力发展的多元化特性，数学评价体系亟需挣脱单一、僵化、纯量化的桎梏，转而关注学生基础目标与个性化差异目标的多元化层次。这一体系应确保"保底不封顶"的原则："保底"意味着日常数学测验紧扣课程标准的基础要求，作为全体学生的共同底线，聚焦于数学核心素养中的基础知识与基本技能；"不封顶"则鼓励为学有余力及具有特殊才能的学生提供广阔的展示舞台，让他们在评

价中自由翱翔。为顺应学生多元智力成长的需求，测评设计中应巧妙融入数学思维元素，如增设选做题、探究题及开放性试题，以此激发学生的知识应用意识与实践能力，点燃他们的创新火花，让数学学习成为一场探索未知、释放潜能的精彩旅程。

（二）数学评价主体多元化

个体数学素养的培育，是家庭、学校与社会三位一体、协同作用的结果。因此，对数学学习的评价应当跨越单一维度，全面覆盖学校课堂中的数学、日常生活中的数学实践，以及社会实践中的数学应用。著名的"二八定律"隐喻性地揭示了非正式学习环境作为隐性教育力量的重要性，然而，当前数学评价体系中教师主导的单向模式，常因视野局限而忽略了非正式学习的价值，导致评价结果难以精准反映学生的真实能力与发展状况。

为纠正这一偏差，我们亟需打破教师垄断评价的现状，重构数学评价的多元主体格局，确保评价话语权的多方共享。这一变革应纳入教师、同伴、家长、学生本人乃至社会各界人士作为评价主体，每位主体依据其独特的观察视角与所处环境，为评价提供多元且丰富的信息源，旨在实现评价的客观性、公正性与全面性。特别地，我们应强化学生的自我评价能力，将自我评价与外部评价有机融合，使学生与家长能够准确解读评价结果，从而增强评价的有效性，为促进学生数学核心素养的全面发展奠定坚实基础。

（三）评价方式：质性评价与量化评价相整合

鉴于学生多元智力发展的独特性，传统单一的量化测验标准亟需整合与被超越，迈向质性评价与量化评价相结合的多元化教育评价新纪元。诚然，传统量化测验在评估数学基础知识与技能掌握方面展现出了不可替代的优势，但数学评价体系不应止步于此。我们需融入质性评价，将日常观察、系统测验与现代科技手段紧密结合，以丰富评价维度。这包括但不限于学生的专题作业、作品集、智力展示、领域专题及过程作品集等多元化形式，以及短文撰写、成果展示、写作报告与现场演示等直接性与操作性并重的评价方式。鉴于每位学生的智能特征与学习风格各异，教师应秉持多元化的评价视角，灵活采用多样化的评价标尺，确保每位学生都能通过最适合自己的方式展现其数学知识与能力。评价的根本目的在于最大化促进学生的全面发展，让每一份潜能得以绽放。

（四）数学评价内容：多元化的素养能力群

传统数学评价体系往往聚焦于数理逻辑，偏重于数值运算与公式应用，却无形中忽略了诸多难以量化的数学核心素养。加德纳的智能理论则另辟蹊径，强调智能是在特定社会文化背景下，个体解决复杂问题或创造有效产品所需的能力，核心在于问题解决与创新能力。这一视角启发我们，数学评价应围绕学习体验、实践活动与情感投入三大核心维度展开，重点考查学生运用多元智力探索、分析及解决数学问题的能力，以及他们在数学领域的创造性思维。

为了全面评估学生的数学核心素养，我们可以借鉴 PISA、TIMSS 等国际权威测试的经验，构建涵盖再现能力、联系能力与反思能力（即更广泛的数学思维能力）的评价框架。评价内容需紧密关联学生实际生活情境，确保所学能够灵活迁移至实际问题解决中，实现知识、思考、应用与行动的一体化。因此，评价焦点应转向学生在多元智力驱动下展现的核心素养能力群，不仅测评其问题发现与解决能力，还应关注自我认知与人际交往智力的发展，因为这些是 21 世纪学生不可或缺的基本素养，对于培养团结合作、勇于创新的未来人才至关重要。

（五）数学评价的真实性与情境性

加德纳对智力的定义深刻揭示了智能发展的社会文化属性，强调其培育过程根植于具体情境。反观传统数学教学评价，它往往侧重于数学符号与公式的计算，充斥着脱离实际生活的"无情境"乃至"伪情境"测验，这种高度抽象化的评价方式割裂了数学知识与现实生活的紧密联系，难以有效激活学生的多元智力，导致许多学生难以将所学的数学概念、知识与规则灵活迁移至真实问题解决之中。实际上，学生学习数学及运用数学素养的过程无法脱离具体场景，因此，有价值的数学评价必须将问题任务巧妙融入真实情境，这样的评价既能全面考查学生的数学素养，又能激发其反思性思维，实现智力与情境的和谐共生。未来的数学评价应打破单一符号化测验的局限，融合学术深度、职业导向与生活气息，转向对学生在现实情境中解决问题能力的全面评估，让数学评价更加贴近学生生活，富有生命力。

（六）数学评价过程的动态化

加德纳的智力发展观强调其动态演进的本质，视为生理与心理潜能逐步转化为解决实际问题与创造价值的动态过程。这一理念要求教育评价需紧密跟随智能发展的轨迹，以精准捕捉学习者的智能现状与发展潜力。在数学学习领域，实施动态化评价显得尤为关键。动态化评价不仅跨越多个时间点，持续追踪学生数学学习的进步轨迹与认知能力的变化，深入剖析其认知历程与潜在能力；还强调评价者与被评价者间的积极互动，通过个性化诊断与即时教学补救相结合，促进每位学生的最优发展。

动态化评价模式整合了教学与评价过程，既重视学习历程的连续性，也不忽视最终成果的评估，有效预测并促进学生达到其最佳发展状态。在具体实施上，长期而言，我们可运用学生档案袋、教师教学日志及延迟性评价等策略，全面记录与分析学生数学学习的成长轨迹；短期而言，我们则可通过课堂游戏、开放性问题探讨及综合实践活动等形式，让评价活动既富有趣味性，又能直观展现学生的能力水平。总之，动态化评价旨在把握每一个有价值的评价契机，使数学评价更为全面、深入且有效，从而充分激发评价的教育功能，确保每位学生都能在数学学习过程中获得实质性的成长与成就。

第二节　发展性教学评价在数学教学中的展现

一、发展性教学评价的内涵界定

（一）发展性教学评价的含义

教学评价，作为一种基于特定价值取向的活动，旨在对教学过程中的种种现象及其成果进行价值层面的深入剖析与评判。发展性教学评价，则是在人本主义理念的引领下，聚焦于促进个体的全面成长与完善，将人格塑造与智慧启迪视为评价工作的终极追求。这一评价体系侧重于教学过程的动态形成性评估，与侧重分数奖惩的终结性评价形成鲜明对比，它展望未来，关注评价对象的持续进步，并特别强调对个体人格的深切尊重。

在发展性教学评价中，评价者的角色发生了根本性转变，从以往的高高在上、冷峻审视转变为平等协商、开放交流，这一过程充满了对话与讨论，旨在构建多主体共同参与的互动平台。评价不再是单向的审视与裁决，而是转变为评价对象主动参与、多方互动的过程，共同探索成长之路。

（二）发展性教学评价的特征及原则

1. 发展性教学评价的特征

发展性教学评价体系的核心在于促进学生全面发展，其构建紧密围绕既定的培养目标，确保评价目标与教育目标的高度一致。这一体系超越了传统评价的单一维度，旨在通过动态、多维度的视角审视学生的成长历程，而非仅仅聚焦于结果的检查与排名。它强调过程的重要性，关注学生在知识、技能、情感态度及价值观等多方面的综合发展，不仅评估学生当前的状态，更着眼于其未来发展的潜力与方向。

在发展性教学评价中，过程评价被赋予重要地位，重视学生在学习过程中的每一次尝试、每一次进步，以及那些偶发的、动态生成的思维火花。评价内容广泛且深入，不仅涵盖学业成就，更触及学生的兴趣、合作态度、探索精神等非物质层面的成长。同时，该体系倡导评价方法的多元化，打破"一卷定高低"的传统束缚，采用多种"尺子"衡量学生，确保每位学生都能在适合自己的评价体系中闪耀光芒。

尤为重要的是，发展性教学评价尊重并珍视学生的个体差异，鼓励个性化的成长路径与差异化的评价标准，力求"因材施教"，让每位学生都能按照自己的节奏和方式蓬勃发展。它强调定性评价与定量评价的有机结合，尤其重视那些难以量化的内在品质与能力的评估，以更全面地刻画学生的成长画像。

此外，发展性教学评价还积极引导学生成为评价过程的主动参与者，从评价内容的设定到评价结论的形成，学生的声音始终被倾听与尊重。这一转变不仅增强了学生的自我认知与自我反思能力，还促进了师生间的合作与沟通，使评价成为促进学生自我激励、自我调整与自我成长的强大动力。正如布鲁纳所言，教学的最终目标在于培养学生的自我评价与矫正能力，发展性教学评价正是这一理念的生动实践。

2. 发展性教学评价的原则

教学评价的原则，作为实施评价活动的基石，不仅体现了评价活动的基本规律，也是理论与实践深度融合的产物，确保了评价工作的顺畅进行。发展性教学评价尤为强调以下核心原则：

评价方式的多元化：倡导形成性评价与终结性评价相辅相成，构建全程评价体系；融合静态与动态评价，促进学生自我反思与成长；结合定量与定性分析，全面展现评价成果；引入多元评价主体，包括教师、学生、家庭及社区，实现评价的全方位覆盖。

评价内容的综合性：认识到评价标准的多元性，避免单一维度的局限，确保评价全面覆盖学生素质结构的各个方面及其整体发展水平，促进学生综合素质的均衡发展。

激励性导向：将激励性视为评价结果有效性的核心标志，视其为推进素质教育的关键路径。通过积极运用评价结果，引导学生正视成就与不足，激发内在动力，助力其克服挑战，最终实现教育目标。

科学理论指导：强调评价实践需根植于科学理论土壤，运用辩证思维，把握学生评价的全面性与发展性。从当前状态出发，预见未来发展，选用积极、动态、过程的评价视角，旨在增强学生的自我发展动力，培育积极向上的精神风貌，最终达成素质教育的长远目标。

（三）发展性教学评价的方法

1. 知识技能的评价方法

（1）纸笔测验

测验作为数学教育中不可或缺的评价手段，其设计应紧密围绕数学教育目标，通过精心构建的试题体系全面评估学生的数学学习成效。为充分发挥测验的教育、引导、发展及素养提升功能，我们应将其视为推动素质教育实施的关键工具，而非单纯的能力检验。在纸笔测验内容上，我们需突破传统框架，超越对数理逻辑推理能力的单一考量，转而全面审视学生的智力结构，包括创造力、想象力、实践操作技能、问题解决策略及情绪调节能力等，确保考试成绩能真实反映学生的综合能力水平。因此，我们需丰富考试内容，采用多元化、多角度的题型设计，以契合素质教育的多元要求，全面评估并促进学生综合素质的发展。

在测验形式上，我们亦需追求灵活多变，确保评价方式的针对性和实效性。这包括将考试与日常考查相结合，融合平时小型测试与期末总结性考试，形成更加科学全面的评价体系；闭卷与开卷考试并行，前者侧重于理论知识掌握，后者则侧重于能力展现与综合素质考核。

（2）自编试题

鼓励学生自主编制试题，作为一种创新的教学策略，被教师广泛应用于教学实践中，旨在深度评估学生对知识的理解深度、掌握程度及运用能力。这一过程中，学生需运用特定方法将所学知识进行创造性重组，不仅促进了知识的内化，还激活了他们的创造性思维。自编习题不仅是一项学习任务，更是一次自我挑战与自我评价的宝贵机会，能够显著增强学生的自我反思与评估能力。学生基于个人学习体会或生活实践经验提出问题，随后通过逻辑推理或数学运算来验证这些假设，这一过程不仅巩固了既有的知识体系，还极大地激发了他们的学习热情与探索欲。如此，学习不再仅仅是知识的被动接受，而是变得生动、深入且富有成效，为学生开辟了一片展现创造力的广阔天地。

（3）课堂提问

课堂提问，作为检验学生知识技能的传统手段，亦是课堂上师生互动不可或缺的桥梁。然而，传统的提问方式若不当，可能会削弱学生的学习动力，甚至影响他们对数学学科的态度及学习成效。在发展性教学评价的理念下，为了促进学生的全面发展，教师应致力于构建包容性强的课堂环境，鼓励全体学生的积极参与。这意味着提问应形式多样，以适应不同能力水平的学生，确保每位学生都有机会贡献自己的思考。此外，教师应更倾向于提出开放性问题，这类问题不仅能够激发多样化的答案，还鼓励学生探索多种解题路径，从而营造浓厚的讨论氛围，促进思维的多元化发展。这一过程不仅培养了学生的创新思维，还极大地提升了学生的学习兴趣，为他们的学习旅程增添了无限活力与色彩。

2. 发展性教学评价方法

（1）行为观察法

学生在情感领域的发展状况，往往通过外在行为习惯得以直观体现，这使得行为观察法成为评估学生情感领域数学教育目标达成度的一种有效手段。此方法不仅适用范围广泛，操作便捷，且易于掌握，能够灵活融入日常教育教学之中，而不干扰正常的教学秩序。无论是学生的数学学习热情，还是他们对待科学的严谨态度，均可通过细致的行为观察进行准确评估，为全面了解学生的情感发展状况提供了科学依据。

（2）问卷调查法

问卷调查法，作为情感领域数学教育目标评估的一种高效手段，其核心在于测评者依据特定评估目标精心设计的问卷或量表。此方法鼓励学生依据问卷中的问题，坦诚分享个人行为、观点及情感态度，从而快速汇聚关于学生情感发展目标实现状况的第一手资料。相较于其他评估方式，问卷调查法的显著优势在于其高效性：它能够大幅度缩短数据收集时间，覆盖广泛的学生群体，同时触及多样化的、内容丰富的评估维度。此外，问卷形式的数据集中，为后续的数据统计与分析工作提供了极大便利，使得整个评估流程更加简洁流畅，易于操作实施。

（3）谈话法

谈话法和问卷调查法一样也是通过问题来探测学生数学学习兴趣、观点、科学态度和其他内心活动，但不是用纸笔测验，而是通过口头交谈进行的。其优点是比较有人情味，另外当学生对问题不够明确时，可以当场解释，不至于产生误解。

（4）个案调查法

鉴于情感领域数学教育目标测评设计的复杂性及影响因素的多样性，全面测评大样本学生群体往往面临实际操作上的挑战。因此，一种可行的方法是选取具有代表性的小规模学生样本作为研究对象，通过实施长时间、多维度的观察、深入调查及综合研究手段，详尽收集这些学生在情感领域数学教育目标上的发展变化信息。这一过程旨在全面捕捉学生情感成长的细微脉络，进而作为推断更广泛学生群体在情感领域发展变化的可靠依据，以此弥补大样本测评的局限性。

（5）评语

评语，作为一种精炼的评价形式，旨在通过简明扼要的文字，对难以单纯以分数量化的方面给予补充性评定。它不仅能够弥补评分体系的局限，还能深入揭示学生的个性特质、兴趣所在、显著优缺点及未来需关注的方向。评语无既定模板，其核心价值在于高度的针对性与个性化，是教育者、学习者乃至自我评价主体，在细致分析具体情境后所做出的深刻反馈。撰写评语时，我们应力求语言精练而具体，避免泛泛而谈，确保每一条评语都能精准触达被评价者的核心特点与成长需求。

3. 综合评价方法

（1）数学日记

数学日记，这一独特的评价工具，其功用远不止于衡量学生对数学知识的掌握程度，更在于深入洞察学生的思维方式与情感世界。学生借此机会，以日记的形式，既是对所学数学知识的梳理与总结，也是一场与自我心灵的对话，倾诉学习旅程中的喜悦与困扰。数学日记搭建了一个桥梁，让学生得以自由选用数学语言或个人化的表达，阐述数学思考、解题策略及内心感受，这展现了数学的魅力与个人的情感色彩。

通过撰写数学日记，学生不仅能够自我评估学习成效，还能深刻反思问题解决过程中的策略运用，促进自我认知的深化。教师鼓励学生记录解题的心路历程，无论是破解难题的瞬间灵感，还是面对挑战时的坚持与探索，都是宝贵的成长印记。同时，日记也成为学生分享课堂参与体验、剖析学习障碍及应对策略的平台，有助于教师全面了解学生的学习状态，进而提供更加个性化的指导与支持。

（2）成长记录袋

成长记录袋，作为学生学习旅程的见证，是一个精心设计的文件夹，汇聚了学生一学期或学年的学习精华。它不仅收录了学生的作品样本，更记录了他们在学习数学过程中的探索、努力与成长。这一方式不仅直观展现了学生在特定领域的进步轨迹，还极大地增强了他们学习数学的信心与热情。通过成长记录袋，我们能够全方位、科学地评估学生，确保评价的深度与广度，让更多学生体验到成功的喜悦。

鼓励学生自主管理成长记录袋，收集个人学习旅程中的宝贵资料，如独特解题策略、满意作业、深刻学习感悟、探究活动记录、生活数学发现、问题解决反思、知识总结、挚爱数学读物及多维度的自我评价与同伴反馈等，这一过程本身就是一种学习。同时，记录袋还应覆盖学期初、中、末的关键学习阶段，确保材料的真实性与完整性，让学生直观感受到自己的持续进步，从而滋养自信心，也为教师精准施教提供了宝贵参考。

值得注意的是，发展性教学评价强调知识技能、过程方法及情感态度三大领域的紧密融合，它们相互交织，共同促进学生的全面发展。认知目标的实现往往伴随着过程体验与情感投入，而积极的情感与态度又是深化认知的催化剂。因此，在评价实践中，我们应灵活选用适合不同学段学生特点及教学内容的方法，避免将三者割裂开来，而是促进它们之间的良性互动，共同推动学生综合素养的提升。

（四）发展性教学评价的工具

在教学实践中，发展性综合评价量表是一种高效且结构化的评估工具，它巧妙地将学生的多维度表现细化为 3 至 6 个明确的分值点，每个分值点均附有详尽的表现描述或成果示例，从而构建了一个清晰、具体的评价标准体系。这一量表不仅为评定学生的特定表现程度或行为特质提供了直观依据，还确保了教师在评分过程中能够始终遵循一套统一且客观的评分标准，有效减少了主观偏见，提升了评价的公正性与科学性。

1. 评价量表的设计

设计评价量表时，关键在于构建一套完备的指标体系，确保评价工作有的放矢。该体系通常涵盖指标系统、权重系统及评价标准系统三大支柱。权重系统作为核心，量化了各指标在整体评价体系中的重要性，通过赋予不同等级（如大师、专家、典范、学徒、新手）以具体分值（如1至5），直观反映指标层次与标准差异。评价标准系统则明确了达到各级指标的具体量化标准，学生应在学习前即明确这些标准，甚至参与其制定过程，以增强评价的透明度与参与度。

设计评价表时，标准的清晰度与具体性至关重要，我们应避免使用模糊表述，以免引发误解。明确、具体的标准能让学生准确理解学习期望，促使他们在学习过程中主动以标准为镜，自我评估与调整，最终实现预定目标。

2. 使用评价量表进行评价的原则

评价应深度融合于教学过程与研究目标中，发挥转变与激励作用，引导学生自我反思，明确评价标准与目标，确定学习导向。评价量表的制定应逐步转向学生主导，依据学习主题、活动目标、过程监控及评价方向，灵活多元，参与主体可包括教师、学生、学习小组及家长等。评价内容需丰富灵活，涵盖研究态度、体验感悟、学习方法与技能掌握、创新精神与实践能力等多方面。同时，评价手段应多样化，融合教师评价、学生自评与互评、小组与个人评价、书面材料与口头报告及活动展示评价，以及定性与定量评价，尤其侧重定性评价，以确保评价的全面性与有效性。

二、发展性教学评价的理论基础

（一）人的全面发展理论

马克思主义人的全面发展理论深刻揭示了个人潜能与社会进步的内在联系，强调在人与自然、社会的互动中，人的发展体现为体力和智力的充分自由运用，以及社会关系总和的全面占有，涵盖智力、体力、精神、道德、情感等多维度的和谐共进。这一理论不仅着眼于个体的全面成长，更将全体社会成员能力的普遍提升视为终极目标，体现了个人发展与社会进步的统一。

科学家与人本主义心理学家的研究进一步印证了这一理论的前瞻性，指出人类实际运用潜能的比例极低，这预示着巨大的发展空间。教学在此框架下被赋予了促进个体潜能最大化实现的重要使命，旨在通过个性化的教育方式，不仅确保学生在知识、智力、能力、创造力、品德、体能、技能及情感意志等各方面的均衡发展，还强调因材施教，鼓励个性特长的充分展现，最终实现个性与社会的和谐共生，为教育价值取向的树立提供了坚实的理论基础与方向指引。

（二）人的动机理论

马斯洛的"需求层次理论"深刻揭示了人类动机的内在结构，从基础的生理需求与安全需求，逐步上升至对爱、尊重及自我实现的追求。随着社会的演进，人们对尊重与自我实现的渴望愈发强烈，这反映了人类潜能的无限可能，在适宜条件下能够被充分激发。将此理论应用于教育领域，意味着通过构建科学的发展性教学评价体系，我们不仅能够精准识别并促进学生潜能的释放，还能全面激发其主动发展的动力。当学生的劳动成果得到恰如其分的认可与尊重时，其学习动机将得到显著增强；而评价体系若能积极促进并满足学生自我实现的渴望，将激励他们以更加饱满的热情投身于追求更高目标的征途。因此，发展性教学评价不仅是评估手段，更是促进全体学生全面成长、创新能力与实践能力飞跃的重要引擎。

三、发展性教学评价在初中数学中的应用

发展性教学评价是一项系统工程，要求具备全局视野与综合设计思维，需全方位审视评价的目的、功能、内容、目标、方法、工具、组织实施流程、标准与指标设定，以及结果呈现、分析与反馈机制等关键要素。任何评价活动之初，首要任务是明确"为何评"，即确立评价的直接目的，因目的不同，评价的组织架构、内容侧重及方法选择均会有所差异。例如，选拔竞赛选手与评价促进学生全面发展，其评价体系便大相径庭。

其次，我们需界定"谁来评"，发展性教学评价倡导评价主体的多元化，教师、学生本人、同伴及社团等均应成为评价体系的积极参与者，特别是强调被评者的自我评价，这一机制有助于形成教育合力，促进学生自我认知与自我调整能力的提升。

再次，"评什么"的问题，即评价内容的确定。在众多影响学生发展的因素中，需精准识别关键要素，避免评价偏离核心，确保评价的有效性与针对性。不同评价目的应聚焦于不同的评价维度，以确保评价的实际意义。

最后，关于"如何评"，即评价方法的选用，这是评价成功的关键环节。科学、合理的评价方法能确保评价工作的顺利进行与预期目标的实现，否则，先前的工作努力

或将付诸东流。因此，提升评价工作的质量，我们必须将上述各要素有机整合，根据具体情境灵活应用，以实现评价体系的整体优化与效能最大化。

（一）对不同类型的数学学习目标的评价

1. 注重对学生数学学习过程的评价

在发展性教学评价框架下，学生的数学知识与技能、问题解决能力及情感态度价值观的形成是一个动态过程，贯穿于整个数学学习之旅。此评价体系聚焦于学生的成长与变化，强调主观能动性，不仅看重探究的成果，更珍视达成这些成果的探索历程。评价兼具评估与激励双重功能，旨在让学生体验成功的喜悦，激发内在动力，促进每位学生的个性化发展。

发展性课堂教学因此展现出鲜明特征：首先，通过创意十足、趣味盎然且紧扣主题的情境创设，激发学生主动参与的热情，营造浓厚的求知与探究氛围；其次，将提出问题作为触发学生自主探究的关键环节，教师示范、师生共筛及学生自主提问三阶段递进，逐步培养学生提出并解决问题的能力；最后，合作学习成为核心策略，生生互动成为常态，学生在小组内外相互协作、交流、补充与学习，通过讨论、观察、实验等多种形式的综合应用，以及与其他教学形式的灵活配合，不仅学会了合作与倾听，更促进了多元智能的发展，实现了学习目标的同时，也促进了教学策略的多样性，确保了教学的有效性与针对性。

2. 恰当地评价学生基础知识和基本技能的理解和掌握

新课程体系下，基础知识与基本技能的教学核心地位依旧稳固，但评价视角需紧随课程标准的新理念转变。评价不再局限于学生对知识技能的简单记忆与再现，而是深入探究其对知识本质与技能背后数学意义的理解程度。评价应基于学段目标，灵活考量学生达成度，认可并鼓励不同学习节奏下的渐进式成长。针对运算等技能，评价需兼顾即时成果与长期发展，采用纸笔测验、课堂互动、作业分析等多维度手段，尤其倡导在真实情境与综合问题解决中检验学生的概念理解与技能应用水平。

对于数学知识的理解，评价应超越机械记忆，侧重于评估学生能否自主构建概念的正反例、辨析概念间异同，并灵活转换概念表达形式。强调通过实践操作、图形表征或实际应用深化概念理解，我们认识到概念学习是一个动态构建复杂认知网络的过程。因此，评价设计需全面覆盖，确保深度考查学生的知识掌握与理解层次。

数学技能的评价同样需革新，超越单纯熟练度的考量，深入探究学生对技能背后概念关联的领悟及解题策略的灵活运用。试题设计既要检验学生执行技能的能力，也要探索其在复杂情境下策略选择与规则应用的合理性。以估算为例，评价不仅要衡量学生的估算方法掌握情况，更要激发其判断估算时机、理解估算价值的能力，展现技能背后的数学思考与问题解决策略。

3. 重视对数学思考与解决问题能力的评价

数学学习之旅是一个综合而多维的过程，它不仅关乎知识的积累，更强调解决问题、深化数学思考及有效交流的能力培养。在这一过程中，我们尤为重视激发学生的数学思维能力与问题解决技巧，确保他们在探索数字、图形与统计学的奥秘时，能够自然而然地发展出敏锐的数感、立体的空间观念及扎实的统计能力。我们鼓励学生从多个视角审视问题，理解其本质，进而灵活运用所掌握的知识与技能，创造性地解决复杂问题，亲身体验到解决问题路径的多样性与策略的智慧。

针对这一过程与方法的评价，我们倡导采用表现性评价这一综合性手段。表现性评价不仅仅满足于对学生最终答案的评判，而是深入挖掘并阐述学生解决问题的思维过程与方法论，力求全面展现其认知历程。在这一评价体系中，我们结合观察法，细致入微地捕捉学生在课堂内外的表现细节；同时，我们借助问卷调查法，广泛收集学生的自我反馈与学习体验，从而构建出一个立体、全面的评价视角。通过这些方法，我们得以给予学生更为精准、深刻的定性评价，不仅关注他们的学习成果，更重视其在学习过程中的努力与成长。

表现性评价的魅力在于，它能够真实反映学生在不同学习阶段所达到的水平层次，细致分析他们在解决问题时的思维轨迹与策略选择，进而揭示出每位学生独特的学习方法与潜在能力。这一过程不仅促进了学生对自我学习状态的深刻认识，也为教师提供了宝贵的反馈信息，助力他们调整教学策略，更好地引导每一位学生在数学学习道路上稳步前行，实现个性化与全面发展的双重目标。

4. 关注学生数学学习中情感与态度的发展的评价

在学生的学习旅程中，非智力因素作为情感领域的核心要素，其重要性日益凸显于数学教育工作者的视野之中。这些因素——包括需要、兴趣、动机、情感、意志与性格等，虽不直接介入数学知识的认知建构，却构成了驱动学习热情与动力的关键机制，深刻影响着学生的学习态度与成效。学生的学业成就，实则是智力与非智力因素交织作用的结果，揭示了教育过程中不可忽视的平衡之道。

当学生在数学学习上遭遇挑战时，问题根源往往超越了单纯的知识储备或能力局限，而可能深藏于非智力因素之中。因此，教育者应当超越认知层面的单一关注，转而采取一种全面整合的视角，将学生的情感、认知与行为紧密相连，利用情感的纽带，滋养其身心，促进全面发展。发展性教学评价在此背景下显得尤为重要，它倡导在适宜的时刻与场景中，灵活运用访谈、观察、问卷调查及个案研究等多种方法，深入探索学生的情感态度。

具体而言，我们对学生在数学学习中的情感与态度评价，应聚焦于他们是否能主动投身于数学探索，怀揣好奇与求知的愿望；是否能在解题过程中品味成功的甘甜，锤炼坚韧不拔的意志，树立自我肯定的信心；是否能洞察数学与生活的紧密联系，领悟其推动人类历史进步的伟力，体验探索与创造的乐趣，感受数学逻辑的严谨与结论的笃定；是否能秉持实事求是的科学态度，勇于质疑，独立思考，形成批判性思维的习惯。

为有效捕捉这些难以量化的情感表现，我们可以设计态度评价量表，鼓励学生自我反思学习过程中的情感体验；通过细致入微的观察，捕捉学生行为背后的情感波动；实施问卷调查，广泛收集学生的主观感受；更可鼓励学生撰写数学日记，这一创造性举措为学生提供了一个自由表达的空间，让我们得以窥见他们内心的数学世界，从中提炼出关于信心、毅力与创造力的宝贵信息。通过这些多元化的评价方式，我们不仅能更全面地理解学生的数学学习状态，还能有效激发并巩固他们的学习兴趣，引领他们在数学的海洋中扬帆远航。

（二）发展性教学评价课时评价方案的设计

在学习新知的征途中，每堂课前，学生的首要任务是明确本节课的核心学习专题，这一专题的设定往往采用启发式提问的方式，旨在点燃学生的好奇心与探索欲，使学习之旅从一开始就充满动力。其次，回顾并巩固知识基础显得尤为重要，这是搭建新知与旧知桥梁的关键步骤，确保每位学生都能站在坚实的地基上攀登知识的高峰。

教学目标的设定，如同航海中的灯塔，为整个教学过程指引方向。它不仅定义了预期的学习成果，还细化了学生应达到的知识理解层次与能力发展水平。因此，在教学设计的初始阶段，教师需以明确且具体的语言阐述教学目标，确保教学活动有的放矢，高效推进。

为了让学生更好地融入学习过程，明确学习任务同样不可或缺。这包括课堂上的深入讨论与课后的巩固练习，两者相辅相成，共同促进学生知识的内化与技能的提升。课堂讨论鼓励学生积极表达，碰撞思维火花；课后作业则引导学生自主探索，深化理解。

在评价环节，我们采用多元化的手段，包括传统的纸笔测验，直观展现学生的知识掌握情况；表现性评价，关注学生在真实情境中的问题解决能力；课堂提问与行为观察法，动态捕捉学生的即时表现与思维过程；数学日记与成长记录袋，则提供了学生自我反思与持续成长的宝贵资料。

最终的评价方式，我们倡导自评与他评的有机结合，通过自评让学生成为自己学习旅程的见证者与评判者，提出自我评分依据，增强自我认知；小组评则促进了同伴间的相互学习与监督，培养学生的团队合作精神；教师综合评定，则站在全局视角，对学生表现进行全面而客观的评价。评价结果分为 A、B、C、D 四个等级，若三种评价方式结果相近，则共同作为最终评价的参考；若差异显著，行为则通过进一步的沟通与协商，确保评价的公正性与准确性，让每位学生都能感受到评价的公平与关怀，从而更加积极地投入后续的学习。

高校不同专业数学的教学实践改革策略

第一节　医学专业中高等数学的教学实践改革

一、医学专业高等数学教学中的难点分析

（一）高等数学课程难以吸引医学专业学生的兴趣问题

高等数学作为医学相关专业不可或缺的基础学科，其核心目的在于增强学生的数学应用能力，使他们能够利用数学知识有效解决医学实践中的复杂问题。然而，在教学实践中，我们观察到一种普遍现象：学生往往未能充分认识到高等数学在医学领域的重要性，误认为未来的医学职业生涯与数学基础无直接关联。加之高等数学自身的抽象性与挑战性，以及传统教学模式的单一性，这些因素共同导致了医学专业学生对医用高等数学课程缺乏兴趣，课堂参与度低下，如注意力分散、困倦等现象频发，从而显著影响了教学效果，未能充分达成既定的教学目标。

（二）高等数学课程在医学专业的教学模式缺乏创新性问题

高等数学在医学相关专业的传统教学模式确实陷入了创新性不足的困境，其过于依赖黑板与教材的传统框架，侧重于繁复的公式推导与证明，不仅难以激发学生的主动学习热情，还无形中提升了课程的枯燥感与难度。在这种模式下，教学往往围绕着教师的单向讲授展开，形成了一种"填鸭式"的教学环境，学生在此环境中常被动接受知识，而非主动探索与构建理解。这种被动的学习状态限制了学生独立思考与解决实际问题的能力发展，未能有效培养他们从医学实际问题出发，运用高等数学知识寻求解决方案的能力。因此，我们亟须探索更加生动、互动且贴近医学实践的教学模式，以激发学生的内在动力，促进深度学习与创新能力的培养。

（三）高等数学课程在医学专业中应用性较差问题

面对生物医学与科技的迅猛发展，数学在医学领域的应用日益深化，这一趋势对传统应试教育模式构成了新的挑战。传统高等数学教学模式，虽能有效传授数学基础知识与技能，却在一定程度上忽视了培养学生将数学知识灵活应用于解决医学实际问题的能力。学生即便掌握了数学的基本理论与解题方法，也难以在医学情境中活学活用，这成了当代教育亟需破解的难题。

因此，教师需深刻反思并调整教学策略，致力于让高等数学的学习不再局限于书本知识，而是成为解决实际问题的有力工具。这要求我们在教学中融入更多医学相关案例，通过情境模拟、项目式学习等方法，引导学生主动探索数学与医学交叉领域的奥秘，鼓励他们运用数学逻辑与模型分析医学现象，解决实际问题。同时，加强实践教学环节，让学生在动手操作中体验数学的魅力，提升他们的创新思维与实践能力，真正实现高等数学在医学教育中的"活学活用"。

二、基于医学案例的高等数学教学方法策略

（一）基于医学案例的高等数学教学方法

1. 医学案例教学的意义

医用高等数学课程的精髓，旨在培养学生运用数学思维剖析问题、破解难题的能力，为其构筑坚实的理论基石。为了实现这一目标，将实际医学案例巧妙融入课堂教学，成了一种高效的教学策略。通过案例引导，结合启发式教学、深入讨论与细致讲解，我们不仅激发了学生的主动思考热情，更显著提升了教学质量。这些生动具体的医学实例，直观展现了数学在医疗领域中的不可或缺性，让学生亲眼见证数学的实用价值与魅力，从而拓宽了他们的视野，激发了他们对高等数学学习的浓厚兴趣和持久新鲜感。这一过程，不仅丰富了课堂内容，更在潜移默化中培养了学生的跨学科应用能力，使他们能够在未来的医学实践中灵活运用数学知识，成为具有创新精神的复合型人才。

2. 设计有效的医学案例组织教学

随着现代医学的蓬勃发展，医学与数学的融合日益紧密，展现出一种不可分割的趋势。从基础数学概念如极限、连续、微分到高级工具如定积分、微分方程，均在医学研究中找到了广泛的应用舞台。例如，利用极限与连续理论构建的蛛网模型、细菌繁殖模型及口服给药模型，深刻揭示了自然界中微观过程的动态规律；定积分则在人口统计领域大放异彩，为精准预测与规划提供了坚实的数学支撑。

尤为值得一提的是，微分方程作为数学与医学交叉领域的璀璨明珠，其在肿瘤生长模拟、静脉滴注给药优化及传染病传播模型构建等方面发挥着不可替代的作用。这些模型均源自医学实践中的具体问题，通过抽象与提炼，建立相应的数学模型，进而反哺于实际问题的解决策略。这一过程不仅体现了数学工具在医学问题中的强大应用能力，也彰显了跨学科合作在推动医学科学进步中的关键价值。

现代医学的发展离不开数学的精准指导与深刻洞察，而医学问题的复杂性与多样

性又为数学理论的应用提供了广阔的舞台。两者相辅相成，共同促进了医学研究与治疗手段的革新与发展。

（二）基于案例的医科高等数学教学方法改革措施

1. 改变课程设置的格局

作为教学管理部门，我们需站在医学人才培养的战略高度，重新审视医用高等数学课程的核心价值与深远影响。这要求我们不仅将其视为课程体系中的一部分，更应视其为塑造未来医学精英不可或缺的关键要素。因此，调整与优化教师资源配置与课程设计成为首要任务，我们必须确保这些调整紧密围绕医学人才培养的总体目标展开。

具体而言，我们将依据医学领域对高等数学的实际需求，对现有教学计划进行全面梳理与革新。这一过程将着重强化教师队伍建设，选拔具备深厚数学功底与医学视野的优秀教师执教，以他们为引领，激发学生探索数学与医学交叉领域的兴趣与潜能。同时，课程内容的设置也将更加贴近医学实践，通过融入真实案例、开展跨学科项目合作等方式，增强学生的实践应用能力与问题解决技巧。

总之，我们的目标是构建一个既符合医学发展规律，又能充分发挥高等数学在医学人才培养中独特作用的课程体系。这一体系将确保每位医学专业学生都能获得扎实的数学基础，并具备将数学知识灵活应用于临床实践与科研创新的能力，为培养具有国际竞争力的医学人才奠定坚实的基础。

2. 强化数学建模教学，培养学生的应用意识和创新能力

医学数学模型的构建与应用，其高度的实践性无疑搭建起数学理论与医学实践之间的坚实桥梁，成为促进学生理论知识与实践能力同步跃升的黄金交会点。在教学过程中，积极融入丰富多样的医学实际问题案例，不仅能够激发学生的学习兴趣，还能引导他们经历从问题识别到模型构建的完整流程：通过细致观察、抽象概括、合理简化与假设，明确关键变量与参数，进而确立数学模型，并应用数学工具解答问题。这一过程不仅巩固了学生的数学基础，更培养了他们在复杂医学情境中灵活运用知识、创新解决问题的能力。

案例启发式教学在医科高等数学中的引入，其深远意义远不止于提升学习动力，它更是对学生创新能力、团队协作与实战能力的全面赋能。它鼓励学生跳出传统课堂的框架，以更加主动的姿态投身于知识探索与实践应用之中，学会在医学与数学的交会地带寻找灵感、解决问题。因此，对于所有教育工作者而言，积极探索并实践这一灵活多变的教学模式，不仅是时代赋予的使命，更是促进学生全面发展、培养未来医学领域创新人才的必由之路。

第二节　物理专业中高等数学的教学实践改革

一、高等数学和大学物理的教学关系

（一）背景介绍

数学与物理，作为自然科学领域的两大支柱，在历史长河中相互交织，共同推动着科学的进步。在物理教学中融入丰富的数学问题，不仅深化了学生对数学理论的理解，也锻炼了他们运用数学工具解析物理现象的能力。反之，高等数学中诸多概念的构建亦深受物理概念的启迪。遗憾的是，长期以来，基础阶段的高等数学与大学物理课程各自为政，缺乏有效整合，导致本就宝贵的教学时间被分割，双方均面临课时紧张的困境，不得不删减内容，影响了教学的深度与广度。学生在两门课程间徘徊，常感知识碎片化，难以形成连贯的认知体系。

尤为突出的是，某些核心概念在两门课程中重复出现，却因表述角度与教学方法的差异，未能形成逻辑上的连贯与互补，使学生难以构建全局视野。这种课程内容的分散与重叠，割裂了知识间的内在联系，阻碍了系统知识链的形成，显著降低了教学效果。学生常感即便在数学课上已掌握的知识点，面对物理情境时仍迷茫，无法灵活应用。

因此，推动高等数学与大学物理课程的深度融合，实现两学科的有机衔接，成为当前数理教学改革的核心议题。这一改革并非以降低课程标准为代价，而是立足于人才培养的总体目标，追求学科间的协调共进。我们通过增强课程间的亲和力，即展现学科内在的吸引力与逻辑性，激发学生的学习兴趣与探索欲，从而在保障教学质量的同时，促进学生综合素质的全面提升。

（二）高等数学和大学物理课程的依存性

大学物理与高等数学之间存在着密不可分的内在联系，两者相互依存，共同构成了知识探索的坚固基石。高等数学不仅是大学物理不可或缺的理论支撑，其概念与方法贯穿于物理学的每一个分支，成为解析物理现象、构建物理模型的关键工具。从函数到极限，从微分到积分，再到复杂的微分方程与矢量运算，高等数学为大学物理提供了强大的数学语言与解析框架。反过来，物理学也为高等数学赋予了生动的实际意义和直观的应用场景，使得那些原本可能显得抽象、枯燥的数学概念变得鲜活而具体。

具体而言，大学物理的学习过程促进了学生对高等数学思想的深刻理解与对方法的灵活运用。通过对物理问题的解析，学生能够多角度地审视数学概念，体会其背后的逻辑与美感，从而更加熟练地掌握数学运算技巧与方法论。这一过程不仅弥补了高等数学教学中可能存在的理论与实践脱节的问题，还实现了数学概念与方法在解决实际问题中的有机统一。

此外，物理学还为高等数学提供了丰富的教学案例与实验验证平台，使得抽象的数学概念得以通过物理现象直观展现，帮助学生建立起直观感受与抽象思维之间的桥梁。这种跨学科的融合不仅丰富了教学内容，也极大地提升了学生的学习兴趣与学习效果，促进了学生综合素质的全面提升。

（三）高等数学和大学物理的融合

在维护高等数学与大学物理各自学科特色的同时，我们应秉持准确、简明、实用的原则，精心剪裁两门课程内容的因果逻辑链，实现无缝对接与互补融合，共同编织一张紧密交织的数学物理知识网。这一新的教材体系旨在强化共通思维与方法，使学生在掌握数学工具的同时，深刻理解其在物理世界中的应用之道，反之亦然。高等数学中融入物理直观图像，不仅让解题思路豁然开朗，更增添了学科的独特魅力。

数学与物理共享一种基本方法论：将复杂现实抽象化，构建精准数学模型，进而提炼普适规律与概念，实现从特殊到一般的飞跃。新教材体系应精心设计，深度适宜，结构清晰，聚焦知识核心，紧密联结理论与实践，避免陷入纯理论推导的枯燥循环。我们应将生动的物理图像融入严谨的数学推理之中，选择恰当的切入点，使教材成为启迪智慧、激发探索的研究平台。

在构建课程体系与甄选教学内容时，我们需细致考量，确保用数学语言精准表达物理定律的深邃内涵，同时利用数学推理的力量，缩短问题起点与解决方案之间的距离，让学生在领略数学之美的同时，深刻体会到其解决实际问题的强大能力。

二、引入物理实例改进高等数学教学

（一）物理实例有助于学生理解数学概念、定义

学习数学概念，实则是一场从感性认知跃升至理性理解的旅程，它遵循着由具体到抽象、由特殊至一般的自然法则。这一过程确保了数学知识的根基深植于客观实际，让学生深切体会到每个数学概念都是对现实世界纷繁复杂现象的精炼概括。教师在引领这一探索时，应善用物理实例作为桥梁，通过剖析实例中物理量间的微妙依赖关系，为学生铺设一条通往抽象思维的感性路径。随后，巧妙剥离物理量的具体外衣，聚焦于它们数量关系的本质共性，从而水到渠成地引出数学概念。如此教学，不仅使概念的学习变得生动直观，更易于学生接纳与内化，真正实现了数学与现实的紧密联结。

（二）物理实例有助于学生掌握数学定理、公式

人类的认知根植于客观现实，任何正确的理论都必须经受住实践的检验，而理论联系实际则是通达真理的必由之路。然而，在数学教育领域，部分教师倾向于过分依赖纯粹的逻辑推理来阐述定理与公式的证明过程，却忽视了物理实例的引入，他们误将数学与物理的关系简化为单向依赖，即物理仅利用数学成果，而数学则无须物理的

辅助。这种偏颇的见解导致了高等数学课堂往往充斥着冗长复杂的理论推导，令学生望而生畏，感觉数学遥不可及。

事实上，数学与物理之间存在着千丝万缕的联系，物理研究不仅深受数学影响，其过程与成果亦对数学发展起到了关键的启发与推动作用。为了让学生更好地跨越从感性到理性的认知鸿沟，教师应在教学时巧妙融入物理实例。在讲解数学定理或公式之前，教师通过物理实例为学生构建直观形象的理解框架；在讲解之后，教师再利用物理实例验证其正确性，这种理论与实践相结合的教学方法，不仅能够激发学生的学习兴趣，还能显著加深他们对数学知识的内化程度，使抽象的数学概念变得生动可感、易于掌握。

（三）物理实例有助于学生增强数学应用能力

数学中的众多应用问题，实则蕴含丰富的物理背景，且与工科学生未来的专业课程紧密相连，是理论与实践桥梁的重要组成部分。遗憾的是，部分数学教师可能忽视了应用问题的教学价值，将其视为物理或专业课程的专属领地，这种认知偏差无形中削弱了学生的数学应用能力，甚至误导学生，使数学仅停留于书本，缺乏实际应用价值，进而削弱了学生的学习动力。

然而，人类探索知识的终极目的在于运用规律以改造世界，这一过程循环往复于实践到认识，再由认识到实践的螺旋上升之中。数学应用问题的处理，正是这一认识论循环的生动体现，它不仅深化了学生对数学理论的理解，还极大地锻炼了他们的应用能力。因此，针对工科学生的高等数学教学，教师应积极融入物理实例，将抽象的数学概念与具体的物理现象相结合，通过解决实际问题的过程，让学生亲身体验数学的魅力与力量，从而全面提升其数学应用能力，激发学习热情，促进知识的内化与迁移。

（四）物理实例有助于学生培养数学建模能力

物理实例无疑是数学建模实践的瑰宝，众多物理难题的破解历程正是遵循数学建模的逻辑轨迹逐步推进的。这一过程涉及对物理现象深刻剖析，提炼核心要素，忽略非本质细节，进而构建精准的数学模型，以数学语言精准描述物理量间的微妙关联，从而将物理挑战转化为数学问题。而当数学解答映射回物理情境时，其现实意义便跃然纸上。因此，物理实例在锤炼学生数学建模能力上展现出不可估量的价值。

总而言之，世界万物紧密相连，学科间相互渗透、相互影响，人为割裂实不可取。在工科高等数学教育中，物理实例扮演着举足轻重的角色，它不仅能激发学生对数学的热爱，还能提升他们解决数学问题的能力，并促进数学知识的灵活应用。要实现这一目标，数学教师需秉持辩证唯物主义的认识论，勇于革新教学模式。具体而言，教师应以普遍联系的视角审视物理实例，而非孤立视之；教学应紧密联系实际，避免空谈理论；知识的传授应遵循人类认知的自然规律，而非机械照搬教材；学生数学应用能力的培养应依据实践应用的考量，而非单一考试成绩的衡量。总之，在工科高等数学讲台上，教师应充分挖掘物理实例的潜力，点燃学生的学习热情，优化教学效果，为培育兼具深厚理论基础与卓越实践能力的工程技术人才奠定坚实基础。

三、提高物理专业学生数学思想的"高等数学"教学途径

（一）教师自身必须具有较高数学思想和数学方法论的素养

由于数学思想蕴含于高等数学的各部分内容之中，教师只有具备了较高的数学思想素质，才能挖掘出高等数学各部分内容之中的数学思想，才能做到在高等数学的讲授中，善于向学生传授这些思想及寓数学思想于平时的教学中，因此教师自身要加强对数学史和数学方法论的学习与研究。

（二）教师必须具有较好的物理素质

高等数学与物理学之间存在着深刻的内在联系，前者聚焦于抽象的数量关系与空间形式，而后者则赋予这些概念以具体的物理实体，如向量在物理中具象化为力、速度等直观概念。这种互补性揭示了数学理论的物理根源，如微积分作为牛顿力学研究的结晶，其发展历程正是数学与物理深度交融的见证。因此，对于教师而言，具备扎实的物理素养至关重要。它不仅能够拉近师生间的距离，使教师能以物理现象为媒介，生动诠释抽象的数学概念与定理，从而激发学生的学习兴趣与积极性；同时，这也能让教师灵活运用物理实例作为教学切入点，自然而然地引入高等数学的核心概念与定理，潜移默化中培养学生的数学思维能力。因此，教师自身持续深化物理知识学习，是提升数学教学质量与效果的重要途径。

（三）教师要善于将高等数学各部分内容中的数学思想挖掘出来并系统地分类

教师在备课时要深入研究教材，结合教材的知识点，查阅其发生发展过程，把握住有关概念和定理的来龙去脉，抓住数学知识与数学思想的结合点，挖掘出蕴含于教材每章节中的数学思想，在教学中做到统筹安排，有目的、有计划和有要求地进行数学思想的教学。

（四）教师应针对不同的教学内容，通过多种途径设计数学思想教学

鉴于教学内容的多样性与数学思想的广泛性交织共存，教师在传授数学思想时，必须灵活选择教学策略与方法，以确保学生能够深刻领悟并有效掌握这些思想精髓。对于物理专业的学生而言，这一过程尤为关键，教师应充分利用他们对物理世界的亲近感与理解力，设计问题导向的教学模式。首先，提出问题激发学生好奇心；其次，通过引导与启发，模拟科学家探索未知的过程，鼓励学生从不同视角审视问题，自主探索答案。

面对抽象数学思想的教学内容，发现式教学法尤为适用。教师可依托高等数学中

源自物理研究的概念与定理，生动展现这些知识的诞生与演化轨迹，让学生亲身体验抽象思维的力量与价值。同时，案例式教学也是有效手段，通过跨领域搜集既深刻反映数学本质又贴近生活的实例，特别是引入新颖有趣的最新案例，教师引导学生在分析中提炼共性，深化理解。

在探讨模型数学思想时，启发式与实验教学法相得益彰。数学建模作为连接理论与实践的桥梁，教师可精选实际问题，引导学生经历抽象、简化、假设、建模、求解的全过程，实战演练中领悟建模魅力。实验项目设计上，教师应侧重于数学思想的挖掘、数学技术的运用与理论实践的结合，让学生在动手操作中掌握数学建模的精髓。

值得注意的是，当同一教学内容蕴含多元数学思想时，教师应不拘一格，综合运用多种教学方法，以丰富多样的教学手段激发学生的多元智能，促进全面而深刻的学习体验。

（五）教师要充分认识到学生掌握数学思想是一个反复认识和运用的过程

学生对数学思想的理解，始于对具体数学知识的初步感性认知，经历多次实践与应用的反复锤炼后，他们方能逐步构建起从感性到理性的认知桥梁。这一过程如同螺旋般上升，由浅显至深刻，促使数学思想在学生心中生根发芽。为此，教师应精心构建高等数学内容的内在逻辑体系，确保每种数学思想均能在其特定的知识框架内得到系统呈现与深化。教学中，教师应明确各知识点所蕴含的数学思想，并设计一系列循序渐进的学习活动，让学生在不断理解、训练与运用中深化对数学思想的领悟。绪论课作为知识体系的起点，是引入数学思想的绝佳时机，而复习课则成为总结提炼数学思想、巩固学生认知的重要舞台。

数学思想，作为数学的核心与灵魂，是实现知识向能力转化的关键纽带。数学教育，其深远目标远不止于知识的传授，更在于能力的培养与综合素质的提升。针对物理专业学生，高等数学的教学应特别注重激发其数学思想的觉醒，强化逻辑推理、抽象思维与空间想象等核心能力，同时点燃他们的创新火花，培育其成为具有探索精神与创新能力的未来栋梁。

第三节　经济专业中高等数学的教学实践改革

一、数学和经济学的关系

数学与经济学概念，作为人类智慧在历史长河中积淀的璀璨明珠，彼此间构筑了一种辩证统一的紧密关系。自远古的结绳记事起，数学便深深植根于人类的生产生活实践，成为人们解析世间万象、提炼理性认知的锐利工具。这一过程不仅孕育了丰富的数学概念与知识体系，更促进了人们将这些抽象思维成果应用于经济活动的分析与管理，逐步演化出涵盖金融学、统计学、人口学、会计学、财政学等多元分支的经济学领域。这些经济学科无一不深深烙印着数学的印记，它们的理论构建与实践应用均高度依赖于数学的计算、计量与技术支撑。

随着社会主义市场经济体制的蓬勃兴起，尤其是金融市场的繁荣与现代企业制度的完善，高等数学知识在商业决策、市场营销、医疗健康、企业管理、金融投资等广泛领域内展现出前所未有的应用价值。这一趋势促使社会各界日益认识到高等数学与经济管理之间的紧密联系，它们相互激发、相互滋养，共同推动着社会经济的繁荣发展，展现了一种相辅相成、携手并进的和谐共生状态。

二、高等数学知识在经济中的应用必要性

（一）指导经济管理

随着高等数学知识的持续演进，其影响力已深远地触及科技、经济等多个领域，尤其是在现代经济中，高等数学的应用变得愈发普遍且不可或缺。这一趋势深刻反映了高等数学知识与经济学发展的紧密交织，众多高等数学原理成为经济分析与管理的强大工具，其重要性不言而喻。经济学理论与概念的构建，往往与高等数学知识紧密相连，相互支撑。正是这种跨学科融合，促使经济管理领域广泛采纳数学公式与模型，极大地推动了经济学研究从传统的定性分析迈向定性与定量分析紧密结合的新阶段，实现了经济学理论的精准化、科学化转变。现代经济学成熟的标志，正是定性与定量分析两者和谐共生的典范，它们相辅相成，共同构成了经济学分析体系的坚固基石。实践证明，高等数学指导下的经济管理定量分析，与定性分析相辅相成，不仅提升了分析结果的严谨性、周密性，更确保了其高度的可靠性，为经济决策提供了坚实的数据支持与科学依据。

（二）促进经济分析

从理论层面审视，高等数学在经济领域的应用优势显著，它借助数学模型与定理，揭示了仅凭直觉难以触及或难以直观把握的经济规律与深层结论。尽管数学概念与理论本身具有高度抽象性，但它们根植于现实生活，并能广泛渗透至社会实践及各学科领域，这正是数学生命力的体现，也是其对其他学科产生深远影响与吸引力的源泉。回顾高等数学与经济学相互促进的历程，我们不难发现，高等数学为经济学提供了一种严谨而独特的分析工具，与逻辑学在定性分析中的角色相类似，都是探索世界奥秘的利器。

时至今日，高等数学已成为经济学分析不可或缺的关键工具。在剖析经济现象与问题时，采用高等数学方法不仅成为常规路径，更是经济学迈向客观化、精确化的重要标志。这一过程彰显了数学在量化经济行为、揭示经济规律方面的独特价值，为经济学研究开辟了新的视野。

（三）简化经济解析

经济问题中，数量关系构成了其核心框架，涵盖投入、成本、价格、产出、利润

及销售额等多个维度。其中，边际概念的应用尤为显著，它作为数学中倒数概念在经济领域的延伸，旨在高效解决复杂的经济议题。同时，图形学的引入为经济学分析带来了革命性变化，通过直观的图示，诸如价格需求弹性变化区间的精准描绘，原本晦涩难懂的经济现象变得清晰易懂，实现了抽象概念的具象化表达。

经济数学这一交叉学科的兴起，正是高等数学知识在经济领域广泛应用的直接产物，它架起了数学与经济学之间的桥梁，不仅促进了经济学研究的深化，也推动了现代经济的繁荣发展。近年来，经济学家们愈发倚重高等数学作为研究工具，以其严谨的逻辑和精确的计算能力，助力经济学研究成果的清晰阐述与精准解析。展望未来，随着社会经济的不断前行，高等数学知识在经济领域的应用前景将更加广阔，成为探索、分析并解决经济难题的关键利器之一。

三、高等数学知识在经济中的运用途径

（一）无穷等比级数在经济投资费用中的应用

经济投资费用涵盖前期投入与后续追加投资，这源于服务周期性重复的需求及设备的定期更新或维护。若将后续各阶段的投资费用均折算为现值，并与初始投资汇总，我们则能构建一个综合成本视角，用以横向比较不同服务周期或设备使用寿命周期的总体投资需求。这一方法为企业评估并筛选出最具成本效益的服务方案与设备采购决策提供了科学依据。

（二）数学建模法在经济预测中的应用

高等数学知识在经济预测领域发挥着核心作用，它运用先进的数学方法与技术手段，对未来经济走势进行精准剖析与前瞻描述，构建出基于理性分析的假设与预见。在此过程中，政策性评价尤为关键，它要求经济决策者从众多备选方案中甄选出最优政策加以实施，这一决策过程高度依赖乘数分析、边际效益评估、函数模型构建及生产系数考量等高等数学知识。经济预测旨在通过科学规划，优化配置人力资源、物力资源及财力资源，以期实现经济效益的最大化。依据高等数学原理，经济预测方法可划分为三大类别：时间序列趋势预测，侧重于捕捉经济变量随时间演变的内在规律；回归分析预测，通过量化变量间关系，构建预测模型，展现高度的科学性与完整性；以及投入产出预测，侧重于分析经济系统内各环节的相互依赖与影响。在微观经济预测实践中，前两种方法尤为常用，尤其是回归分析预测，其以强大的数据分析与预测能力，成为经济预测领域的重要支柱。

（三）导数在经济函数求解中的应用

经济的核心议题聚焦于提升企业盈利与削减运营成本。在此过程中，精准定位最优价格与最大化销量是达成利润最大化与成本最小化的基石。为实现这一目标，企业需灵活运用经济优化理论，特别是函数极值（最小值与最大值）的求解策略，以及线

性和非线性规划方法。这些工具构成了寻找最佳经营策略的关键路径，确保企业在竞争激烈的市场环境中能够精准决策，实现资源的高效配置与利润的持续增长。

（四）概率在经济保险中的应用

在经济学尤其是保险学领域，高等数学中的概率知识起着举足轻重的作用，其核心在于随机变量的协方差、方差及数学期望等概念的精准把握。这些概念的有效运用，深刻依赖于对概率论基本理论的透彻理解，它是掌握更高级概率工具如随机积分、布朗运动及随机游走等的前提。具体而言，随机游走理论在市场有效性假说中占据核心地位，它解释了市场价格的随机波动模式，对理解市场行为至关重要。同时，中心极限定理作为概率论中的另一基石，对期权定价模型的开发与应用具有决定性的影响，它揭示了大量随机变量和趋于正态分布的自然规律，为金融衍生品定价提供了坚实的理论基础。

四、经济管理类专业高等数学案例教学

（一）实施案例教学的意义

地方工科院校经济管理类专业在高等数学课程的教学上普遍面临成效不佳的困境，其根源多维而复杂：学生群体数学基础参差不齐，文理背景交融导致能力素养差异显著；课时紧凑，多媒体教学信息量大，学生吸收消化困难；师资力量捉襟见肘，难以给予学生个性化深入指导；学生兴趣匮乏，视数学为艰涩难懂的学科，缺乏对其重要性的认识；加之教学内容老化，与专业知识脱节，使得学习过程枯燥乏味。

案例教学法作为一种创新教学模式，为破解上述难题提供了新思路。该方法通过构建贴近现实或专业背景的情境案例，引导学生主动探索、讨论，从中提炼数学模型与解决方案。其核心价值在于：一是拉近了数学理论与实际应用之间的距离，让学生直观感受到数学的实用性与经济价值；二是将抽象概念具象化，置于生动情境中，减轻学生的认知负担，激发学习兴趣；三是转变教学方式，从单向灌输转向互动探究，遵循"必需、够用"原则精选案例，优化教学效果；四是深化学习体验，通过具体案例分析，让学生在实践中领悟数学的深刻内涵与灵活应用，潜移默化中树立数学作为解决实际问题重要工具的观念。

（二）实施案例教学的原则

经济管理类专业的高等数学课程作为低年级学生学习的基石，教师需针对学生有限的知识储备、专业基础及认知能力精心设计教学策略。在案例教学的实施中，三大原则——适量性、适应性与适用性，是确保教学效果的关键。适量性强调案例教学的课时安排需适度，应聚焦于基本概念与方法的传授，确保案例教学不超过总课时的20％，以维持教学结构的平衡。适应性则倡导案例教学的渐进引入，通过整体规划专业概念学习路径，逐步引导学生运用预习所得，在案例中深化理解，激发其参与热情

与创造力，从而优化教学效果。至于适用性，它要求案例选取需贴近学生实际，避免过度复杂，旨在以简明扼要的案例启发学生思考，促进其数学知识的内化与应用，同时点燃专业兴趣与创新火花。

（三）实施案例教学的方法

1. 实施案例教学的教法

实施案例教学是一个综合性的过程，它紧密围绕着教学设计与教学组织两大核心环节展开。在教学设计阶段，首要任务是明确教学目标，这不仅是教学活动的指南针，更是衡量学习成效的标尺。以"常微分方程"为例，我们的教学目标旨在培养学生通过自主查阅资料掌握经济数学概念，能够熟练运用数学语言将实际问题转化为常微分方程模型，并提出解决方案，同时锻炼他们的归纳总结能力，撰写高质量的案例报告，并深刻理解常微分方程在专业领域的应用价值。

接下来是案例的选择与设计，这一环节需严格遵循适用性原则，确保案例内容既覆盖基础且普遍的专业知识，又能够紧密对接教学目标。案例设计应注重真实性、趣味性与生动性，通过具体任务指令引导学生主动探索与实践，让他们在身临其境的感受中增强学习体验。

制订详尽的课堂计划是确保案例教学顺利进行的关键。这要求教师全面预设案例讨论流程，包括讨论主题、时间分配、发言安排及问题应对预案，确保课堂讨论既高效又有序。讨论主题应紧扣案例核心，既可由案例直接引出，也可依据分析逻辑逐步深入。

教学组织阶段，适时布置案例问题是启动讨论的前提。教师应提前发布案例，给予学生充足的准备时间，明确分组讨论规则，并鼓励学生推选代表发言，以促进团队协作与观点交流。

课堂讨论作为案例教学的灵魂，要求教师扮演好组织者与引导者的角色，既要维持讨论热度，又要确保讨论深度。通过适时点评与鼓励，教师激发学生的参与热情，引导他们围绕主题深入探究，共同构建知识网络。

案例报告的撰写不仅是学习成果的体现，也是能力培养的重要环节。教师应提供详尽的报告写作指南与范文，指导学生从模仿到创新，逐步提升报告质量。通过反复交流与反馈，教师让学生在不断完善报告的过程中体验成长的喜悦，深化对案例教学的理解与认同。

2. 实施案例教学的学法

案例教学的实施涵盖两大核心学法：案例理解与案例研究。在案例理解阶段，学生需首先明确学习目标，主动查阅相关资料，为随后的讨论做足准备。这一过程不仅要求学生熟悉案例背景，还需深入理解案例中蕴含的数学概念，掌握其定义，并思考如何在解决实际问题中灵活运用这些概念。同时，学生应预见可能遇到的新概念与方法需求，探索学习新知的意义，预设解题路径，并对初步分析结果的合理性进行评估，探索案例模型的优化空间。

教师作为引导者，在此阶段的关键作用不容忽视。教师应精心设计预习题，激发学生对案例的深入思考，如引导学生梳理案例中的数学概念网络，探讨概念间的联系与应用场景，预见学习挑战并激发探索欲。通过这些问题链，教师能够确保学生在讨论前已做好充分准备，为案例教学的高效开展奠定坚实基础。

案例研究则是学生深化学习、实践应用的关键环节。在讨论中，鼓励学生积极发言，主动参与，教师可通过设立贡献度排名、发言加分等激励机制，有效调动每位学生的积极性，避免旁观现象。讨论后，学生需进行个人与小组的总结反思，这一过程是对案例学习成果的系统回顾与升华，旨在提炼经验、批判性审视不同观点，促进认知水平的提升。

最终，案例报告作为学习成果的输出，其质量直接反映了学生的学习成效。教师应强调报告的规范性，提供范文参考，指导学生如何结构化地呈现案例分析过程、结论与反思，同时及时给予反馈，帮助学生克服写作中的障碍，确保每位学生都能通过撰写报告，巩固学习成果，提升书面表达能力。

第四节　其他专业高等数学的教学实践改革策略

一、计算机专业中高等数学的教学实践改革

（一）计算机专业高等数学教学实践改革初探

1. 具体改革内容

为了全面提升计算机专业"高等数学"课程的教学质量与效果，我们计划实施一系列综合性的改革措施。首先，我们将聚焦于教学理念的革新，打破传统束缚，引入更贴近计算机领域需求的教学观念。其次，我们针对课程设置进行大刀阔斧的改革，确保课程内容既覆盖经典数学理论，又紧密关联计算机专业实际应用。同时，深化教学设计改革，采用更加灵活多样的教学策略，以适应不同学生的学习需求与兴趣点。再次，教学方法的改革也是关键一环，我们将探索并实施更加高效、互动的教学模式，激发学生的学习兴趣与主动性。最后，为配合上述改革，我们将致力于研发应用型本科计算机专业专用的教改实验教材《计算机数学》，该教材将融合最新数学理论与计算机技术，为培养具有扎实数学基础与创新能力的计算机专业人才提供有力支撑。

2. 改革目标

（1）总目标

①加强"高等数学"与计算机专业的高度融合，为计算机专业人才培养目标打下坚实基础，提升计算机专业人才培养质量，培养适应行业企业需要的计算机专业高素质应用型人才。

②为其他公共基础课程应用性改革提供借鉴。

（2）具体目标

针对应用型本科人才的培养定位与需求，我们全面优化计算机专业"高等数学"课程的教学体系与实施策略。首先，明确课程教学目标，紧密对接应用型人才培养要求，确保"高等数学"成为支撑学生专业素养与技能发展的坚实基础。其次，调整课程内容体系，融入更多与计算机专业密切相关的数学理论与应用实例，促进理论与实践的深度融合。在教学策略上，采用灵活多样的方法，如项目驱动、案例分析等，以激发学生的学习兴趣与创新能力，有效弥补传统教学与专业培养目标间的脱节现象。同时，推进教学方法改革，强化学生主体地位，鼓励探索与创新，使"高等数学"教学成为培养计算机专业人才创新思维的重要平台。再次，优化课程考核与评价方式，注重过程性评价与结果性评价相结合，全面评估学生的学习成效与应用能力。最后，编制相关教材及配套教辅材料，作为应用型本科计算机专业"高等数学"课程的专属资源，确保教学内容的前沿性、实用性与针对性，为复合应用型人才培养提供有力支撑。

3. 拟解决的关键问题

针对计算机专业"高等数学"课程的教学改革，我们首要解决的是教学理念的根本性转变，强调"能力本位"的教学导向，将人才培养质量置于教学评估的核心位置，秉持"以生为本"的原则，确保高等数学课程与计算机专业人才培养目标紧密对接，深化课程与专业的融合度，解决长期以来存在的脱节问题。

在此基础上，我们将依据计算机专业的人才培养规格，对"高等数学"课程进行全面而系统的设计，明确教学目标，重构课程体系，使之更加契合专业需求。同时，加强教材建设，提升教材编写的专业针对性，促进"高等数学"与计算机科学的深度融合，使理论知识与实际应用相辅相成。

此外，我们将不断提升教研科研水平，坚持理论联系实际的原则，鼓励教师将最新科研成果融入教学，增强教学的时效性与实用性。

最后，强化计算机专业"高等数学"课程的整体建设，依据专业特色定制课程规划，动态更新教学内容，确保学生能够获得满足后续学习与发展所需的知识与技能。

4. 实施方案

我们具体从"教学理念、课程设置、教学设计、教学方法等方面入手深入改革探索。

（1）开展计算机专业"高等数学"课教学理念的改革

全体教师亟须摒弃传统的"学科本位"教学观，该观念偏重理论传授而忽视实践操作，显然与应用型本科教育强调的动手能力培养相悖。改革的核心在于从"学科本位"向"能力本位"教学理念的深刻转变，这是提升教学质量、适应新时代教育需求的关键所在。

为实现这一转变，我们需组织一系列深入人心的教改学习活动。我们通过研读《国家中长期教育改革和发展规划纲要（2010—2020年)》及《关于全面推进广东省高校应用型本科人才培养模式改革工作的若干意见》等重要文件，深刻领会政策导向与改革精神。同时，我们开展集体备课、教学示范课等实践活动，让教师在交流互鉴中直观感受"能力本位"教学的魅力与实效。这一系列举措旨在逐步深化教师对"能力本位"教学理念的认识，激发他们主动拥抱变革，意识到在应用型本科教育中，转变传统"学科本位"观念对于促进学生全面发展、提升专业技能的重要性。

（2）开展计算机专业"高等数学"课程设置的改革

计算机专业人才培养方案指导下，"高等数学"课程需重新定位为：奠定坚实数学基础，强化专业应用实践，促进综合素质提升。课程内容相应调整为三大模块：基础模块、专业应用模块及综合素质拓展模块，各模块知识体系构建如下：

基础模块：聚焦于微积分、线性代数、概率统计等核心理论，构建系统、连贯的知识体系。通过精讲细练，学生掌握数学基本概念、定理与计算方法，为后续学习奠定扎实的理论基础。

专业应用模块：紧密结合计算机专业需求，融入算法分析、数据结构、图像处理、机器学习等领域的数学应用案例。通过案例分析、模拟实践，教师引导学生运用数学知识解决计算机领域的实际问题，提升应用能力。

综合素质拓展模块：涵盖数学建模、数学软件操作、数学文化探索等内容，旨在拓宽学生视野，培养逻辑思维、创新能力和团队协作精神。通过组织竞赛、培训、讲座等活动，教师激发学生的探索兴趣，促进其全面发展。

（3）进行计算机专业"高等数学"课程教学设计的改革，改革教学内容

在优化计算机专业"高等数学"课程时，我们采取了一系列综合性策略以强化课程的整体效能。首先，注重课程的整体设计，从宏观视角精准定位课程核心知识与关键能力，将繁杂的教学内容科学划分为若干教学模块，并精心设计配套的能力训练项目，确保学生能够在系统学习中逐步构建完整的知识体系与技能框架。

其次，我们坚持能力本位与学生主体原则，深化课程建设与改革，致力于提升学生的实际操作与应用能力。通过制定强调应用能力培养的课程标准，我们不仅关注学生的数学理论基础，更重视他们将数学知识转化为解决实际问题能力的过程。

在教学内容上，我们遵循"厚基础、宽口径、重应用、强能力"的指导思想，精心挑选既符合学术严谨性又贴近实际应用的教学内容。我们强调教学内容的"实际、实用、实践"导向，同时兼顾学生综合素质的培养，确保教学内容既扎实又灵活，能够满足不同专业领域的需求。针对计算机专业特点，我们灵活调整教学内容，强化高等数学与专业课程间的联系与融合，构建以知识、能力、素质为核心的一体化教学内容体系。在教学实践中，教师紧密结合学生专业背景，将数学知识融入其素质与能力培养的全过程，实现数学教学与专业教育的无缝对接。

（4）开展计算机专业"高等数学"课程教学方法的改革

为了提升教学质量与效果，我们将实施教学方法的多元化策略，积极探索并应用先进的教学手段，特别强化信息技术在教学中的深度应用。具体措施如下。

推广多样化教学方法：结合课程内容与学生特点，灵活运用讲授、讨论、案例分析、项目式学习等多种教学方法，激发学生的学习兴趣与主动性。利用在线平台、虚

拟实验室等现代信息技术工具，丰富教学手段，提高教学互动性与实效性。

加强教师间交流与成长：定期组织教师相互听课、评课活动，促进教学经验与方法的共享，共同提升教学能力。通过工作坊、研讨会等形式，增强教师教书育人的责任感和使命感，激发其持续专业发展的动力。

深化教学讨论与经验交流：建立常态化的教学研讨机制，鼓励教师围绕教学难点、热点问题进行深入探讨，分享成功案例与改进策略，通过经验交流，促进教学理念与方法的不断创新与优化。

强化实践教学环节：将实践教学作为教学核心之一，通过设计贴近实际的实验、实训项目，引导学生运用理论知识解决实际问题。加强校企合作，建立校外实习基地，为学生提供更多接触行业、了解社会需求的机会。

突出知识与方法的应用导向：在教学中，教师不仅要传授知识，更要注重培养学生将所学知识与方法应用于实际工作的能力。教师通过案例分析、模拟演练等方式，让学生在解决具体问题的过程中深化理解，提升实践能力。同时，关注学生创新思维与批判性思维的培养，为其未来职业发展奠定坚实基础。

（二）提高计算机专业课程方面的高等数学措施

1. 提高高等数学与计算机专业之间的联系

要确保计算机专业的学生扎实掌握高等数学知识，关键在于增强高等数学与计算机专业课程之间的内在联系，让学生深刻认识到高等数学对计算机学习不可或缺的重要性。实现这一目标的首要步骤是在学生接触高等数学之初，就明确阐述其与计算机科学的紧密联系，以此激发学生的学习动机与重视程度。

在计算机专业教学过程中，教师应采取策略性教学方法，从计算机专业的实际需求出发，逐步渗透高等数学的相关知识。这种由专业视角切入的教学方式，不仅能帮助学生直观理解高等数学在计算机领域的应用价值，还能显著提升他们对高等数学课程的兴趣与投入度。具体而言，教师可结合算法设计、数据分析、图形处理等具体计算机应用案例，展示高等数学如何作为强大工具支撑这些领域的创新与发展，从而使学生感受到学习高等数学的实际意义和乐趣。

此外，通过计算机专业视角引入高等数学内容，这能有效丰富教学素材，使课程内容更加生动有趣，吸引学生主动探索。这种跨学科融合的教学方式，不仅促进了知识的综合应用，也培养了学生跨学科解决问题的能力，为培养具有创新精神和实践能力的计算机专业人才奠定了坚实基础。

2. 以培养应用性计算机人才为目的传授高等数学知识

计算机技术教育对学生的综合素质有着严格的要求，这种要求不仅体现在对专业软件的熟练运用上，更深入硬件理论的扎实掌握、应用能力的提升、代码编写的精准、软件测试的严谨、文档书写的规范，以及软件应用的熟练等多个维度。为了使学生能在激烈的市场竞争中脱颖而出，成为社会亟需的专业性人才，他们还需掌握软件开发与运行、软件维护、局域网维护等更高级别的技术。

因此，在高校计算机专业课程教学中，我们必须将培养学生的综合素质视为核心任务。这不仅仅意味着要传授给学生计算机领域的各项技能，更重要的是要引导他们形成全面的知识体系，确保他们在面对复杂多变的计算机问题时能够从容应对。

为了实现这一目标，学校应当围绕学生的专业技术需求，实施全面而深入的教学计划。这包括但不限于强化理论教学与实践操作的结合，鼓励学生参与项目实践，培养他们的创新能力、问题解决能力和团队协作能力。同时，学校还应注重培养学生的自主学习能力和终身学习的意识，使他们能够不断适应计算机技术的快速发展和变化。

计算机技术教育应当致力于提升学生的综合素质，为他们未来的职业生涯奠定坚实的基础。

3. 提高师资力量建设，提高高等数学教学水平

在高等教育体系中，教师的综合素质是教学质量的关键驱动因素，对学生的学习历程与成长轨迹具有深远影响。因此，提升高校学生的综合素质，首要任务在于优化高等数学教师队伍的整体素质。这要求学校在教师选拔环节设立高标准，不仅重视学历背景，更应将综合素质作为核心考量指标，确保选聘的教师不仅学术造诣深厚，还具备高度的教育热情、责任感及创新教学能力。这样的选拔机制，旨在构建一支能够持续激发学生学习兴趣、有效提升学习效率与质量，且始终以学生为中心的高素质高等数学教师队伍。通过这样的师资队伍，我们不仅能够传授知识，更能引导学生探索未知，培养其解决问题的能力与终身学习的习惯，为学生的长远发展奠定坚实基础。

（三）计算机技术在高等数学教学中的应用

1. 多媒体技术的应用

多媒体技术，作为一种利用计算机实现文字、数据、图形、图像、动画、声音等多种感官信息与计算机实时交互的先进技术，在大学数学教学中展现出了非凡的价值。面对数学课程中纷繁复杂的公式与图像，多媒体技术以其独特的优势，能够将抽象难懂的函数图像直观化、生动化，甚至能够模拟函数的动态变化过程，极大地促进了学生对高等数学知识点的深入理解与掌握。

具体而言，多媒体技术通过其强大的图像处理能力，能够将高等数学中那些难以用传统教学手段展示的复杂函数图像清晰地呈现出来，使学生能够直观地观察到函数的变化趋势、极值点、拐点等关键特征。同时，借助动画技术，多媒体技术还能够模拟函数的动态变化过程，如函数的增减性、周期性、对称性等，使学生在动态的观察中加深对函数性质的理解。

此外，多媒体技术还能够与互联网资源相结合，为学生提供更加丰富的学习材料。例如，教师可以通过网络搜索到与课程内容相关的视频、音频、图片等多媒体资源，并将其整合到教学课件中，从而丰富教学手段，激发学生的学习兴趣。

多媒体技术在大学数学教学中的应用，不仅能够有效解决传统教学手段难以呈现复杂函数图像的问题，还能够通过模拟函数的动态变化过程，加深学生对高等数学知识点的理解与掌握。同时，多媒体技术还能够与互联网资源相结合，为学生提供更加

丰富的学习体验。

2. 数学软件的应用

在高等数学的学习过程中，我们还需要学会将数学知识作为工具进行应用，数学软件的应用也有助于高等数学教学。常见的数学软件有 Mathematica、Matlab、SAGE 等。通过辅助软件，我们可以解决日常学习过程中一些难以理解的问题。

3. 网络技术的应用

网络技术的革新彻底革新了学习方式，使学习者得以摆脱传统"课堂 + 课本"的局限，拥抱在线学习平台的广阔天地。这些平台不仅满足了学生对知识无界探索的渴望，还赋予了他们自主安排学习时间的自由。特别是在高等数学领域，在线学习网站不仅提供了专业详尽的课程讲解，还辅以试题库和课程论坛，促进了教学互动，极大地丰富了自主学习资源，让学习不再受限于学校课程安排。

然而，如同任何技术革新一样，计算机技术在高等数学教学中的应用也是利弊并存。其优势在于，通过多媒体等生动手段，将原本复杂抽象的概念具象化，极大地提升了学习趣味性和效率，为学生创造了更加沉浸式的学习环境。同时，它也减轻了教师的教学负担，使课堂更加高效流畅，PPT 等工具的运用既简化了板书流程，又便于学生记录与复习。

然而，过度依赖计算机技术也可能带来负面影响。若忽视师生间的直接交流，可能削弱教学效果，甚至阻碍学生抽象思维能力的培养。高等数学的本质要求学习者具备一定的抽象思维能力，而过分依赖直观展示可能让学生惰于思考，不利于其长远发展。因此，在享受技术便利的同时，我们必须审慎平衡传统教学方法与现代技术手段，确保技术服务于教学目的，而非取代教育的核心——思维的启迪与能力的培养。对于抽象思维较弱的学生而言，合理利用计算机技术辅助学习，确实是一种有效策略，关键在于如何适度引导，促进其从直观理解迈向抽象思维的飞跃。

二、建筑专业中高等数学的教学实践改革

（一）建筑专业对高等数学的需求

与多位专业课教师深入交流并细致研究建筑专业人才培养方案后，我们发现高等数学在该专业课程体系中占据举足轻重的地位。它不仅是学生后续专业课程学习的基石，众多专业课程中的核心概念均植根于极限、微分与积分等高等数学知识，这些计算工具的应用极大地提升了专业学习的效率与质量。掌握高等数学，无疑为学生铺就了一条通往专业精通的捷径；反之，则可能使学习之路荆棘满布。

此外，高等数学的学习远不止于工具性应用，它更在于培养学生的逻辑思维能力，强化他们分析问题与解决问题的能力，这些能力是学生综合素质的重要组成部分，也是其职业生涯可持续发展的坚固基石。值得注意的是，在当前高校专业课教学中，尽管存在大量复杂的计算问题，但多数已转化为公式化或特定算法处理，这意味着专业课对数学的要求更多聚焦于对概念的理解、数学思想及方法的领悟，而非单纯的计算

技巧掌握。因此，高等数学的教学应侧重于培养学生的数学思维与问题解决策略，而非局限于烦琐的计算训练。

（二）针对建筑专业的高等数学教学改革

1. 注重对数学概念和数学方法的理解、降低对计算能力的要求

面对高校在校生数学基础薄弱、计算能力欠佳的现状，与高等数学学习所需一定数学基础之间的矛盾，我们需采取创新教学策略。关键在于，高等数学的核心并非仅依赖于深厚的计算功底，而是根植于对极限、微积分等基本概念与方法的深刻理解。因此，教学时我们应聚焦于这些基本概念与思想的传授，而非过分强调复杂的计算技巧。

为实现这一目标，教师应精心设计教学方案，通过选取贴近学生实际、易于理解的简单实例，逐步引导学生探索高等数学的基本框架。对于涉及的基础知识，若学生存在掌握不足的情况，教师应灵活穿插补充讲解，确保每位学生都能跟上学习节奏。重要的是，教师要让学生在探究过程中，不仅掌握数学概念，更要领悟其背后的数学思想，培养他们运用数学思维解决问题的能力。

通过这种方式，我们可以有效降低对学生计算能力的要求，转而强调其对数学本质的理解和把握，从而帮助学生克服基础薄弱的障碍，顺利踏入高等数学的学习殿堂。

2. 根据专业需求设置教学内容

（1）数学中融入专业知识

在高等数学的教学过程中，融入与专业相关的例题或引例是一种有效的教学策略。例如，在导数章节教师可借助力学中的应力概念来阐释，而定积分部分教师则可多引用力学实例，以此增强学生的直观理解和兴趣。然而，这一方法要求数学教师具备扎实的专业基础，必须深入学习相关专业课程，确保对专业概念有准确无误的把握，避免误导学生，影响后续专业课程的学习。

鉴于高等数学通常在大学初期开设，此时学生尚未接触专业课程，因此教师所引入的专业知识需保持浅显易懂，避免增加学习负担。重要的是，这些专业引例的初衷并非降低高等数学的难度或单纯激发兴趣，而是旨在建立数学与专业的初步联系，帮助学生认识到高等数学的广泛应用价值。因此，在选择和引入专业知识时，教师应精选那些既简单又能体现数学原理的实例，确保它们不会成为学习高等数学的新障碍，而是作为桥梁，促进学生对数学本质的深刻理解。

（2）学习专业知识，融入专业教学团队

基础课教师需持续深化专业知识，并积极促进与专业课教师的紧密沟通与合作，确保能够无缝融入专业教学团队之中。这一过程至关重要，因为它使数学教师能够深刻洞察专业知识体系的架构，明确高等数学在专业课程网络及知识框架中的定位与价值。鉴于社会变迁不息，学生特质与需求日新月异，其对数学知识的接受能力及个人成长所需的数学素养亦随之变化；同时，专业领域内新理论、新技术层出不穷，推动着专业知识结构的持续演进与学习内容的动态调整，进而也改变了人们对数学知识的

具体需求。

因此，数学教师必须保持终身学习的姿态，紧跟时代步伐，不断汲取专业知识养分，并与专业课教师保持频繁而深入的交流。唯有如此，数学教师方能精准捕捉专业需求变化的微妙脉动，从而灵活调整高等数学的教学内容与教学策略，确保教学内容既贴近专业实际，又能有效支撑学生专业知识的学习与发展，真正实现高等数学为专业服务、为学生成长赋能的目标。

现代教育技术下的高校数学教学创新

第一节　现代教育技术与数学教育教学

一、现代教育技术对数学教育的影响

步入 21 世纪，教育理念的革新聚焦于现代教育技术与数学课程改革的深度融合，这一结合构成了学生数学素养发展的坚实基石。它不仅跨越了传统数学教育的时空限制，重塑了教与学的互动模式，还显著激发了学生对数学学习的兴趣，并提升了学习效率。现代技术的飞跃，为构建以学生为中心的灵活教学环境铺设了宽广道路，极大地拓宽了学生的学习路径与选择空间，使得个性化教学从理想走向现实，因材施教的原则得以真正贯彻。在此过程中，现代教育技术作为不可或缺的辅助力量，对数学教学产生了深远而积极的影响，引领着数学教育迈向更加高效、互动与个性化的新纪元。

（一）现代教育技术对教学目标的影响

信息时代赋予了数学教育目标以全新的维度与内涵，推动了其深刻重构。在这一时代背景下，数学教育不再局限于对传统知识的传授，而是致力于培养学生多元化的能力与素养。首先，它强调对社会贡献的责任感，要求学生掌握适应信息时代的新技能，特别是知识行为技能，以积极姿态融入社会并贡献价值。其次，它注重对个人天资潜质的开发，利用计算机等现代知识工具，提升学习、工作及休闲的质量，促进个体全面发展。最后，数学教育还承担起培养学生公民责任的重任，面对电子媒介与互联网带来的海量信息，它引导学生发展批判性思维能力，学会正确评价、判断和选择信息，以负责任的态度参与社会交流。

此外，信息时代下的数学教育还致力于实现多元文化的整合，鼓励学生以开放包容的心态，比较不同文化的异同，促进文化间的相互理解和尊重，共同迈向社会和谐。在这一过程中，数学教学活动的教学目标实现了从"知识中心"向知识型、智能型、教育型目标的全面融合，不仅重视认知领域的发展，更扩展到技能、能力、学法、情感及德育等多个维度，体现了素质教育全面发展的核心理念。

面对新一轮的课程改革、考试改革及教学改革，数学教育更加关注对学生信息素养的培养，教会学生如何有效吸收、选择和加工信息，成为其重要目标与追求。因此，运用先进的信息技术和手段，拓宽学生视野，畅通信息获取渠道，提高课堂教学效率，已成为教育实践的迫切需求，旨在为学生的终身学习与发展奠定坚实的基础。

（二）现代教育技术对教学内容的影响

信息技术以其多元化的表现形式——文字、声音、图形等，全方位激活了学生的感官体验，极大地提高了信息接收与处理的效率，促进了记忆、思考与探究活动的深度开展。这一变革使得教学内容从单一的文字、公式表述转变为丰富多彩的直观展示，增强了学习的趣味性与有效性。多媒体的引入，不仅颠覆了传统教材的线性叙事方式，采用非线性结构灵活呈现知识，还依托网络平台的共享与查询功能，让教学流程更加灵活多变，避免了按部就班的教学模式。特别是虚拟现实技术的应用，有效填补了传统教学手段难以触及的知识空白，使抽象概念具体化，复杂过程可视化。

面对日新月异的时代挑战，提升个人竞争力与推动教育创新并行不悖，这要求学校教育始终站在时代前沿。这促使教师必须紧跟时代步伐，转变教育观念，积极采用信息技术这一先进工具辅助教学，而非仅仅将其视为辅助教学的点缀。诚然，信息技术在数学教学中的辅助认知作用无可替代，但我们应明确其定位——仅是教学手段之一，而非教学过程的全部。教育的本质在于师生间情感的交流与智慧的碰撞，这是任何技术都无法复制或替代的。因此，在实际教学中，教师应坚守主体地位，合理运用多媒体资源，确保技术服务于教学，而非主导教学，避免本末倒置，确保教学活动的核心——情感与智慧的交流得以充分展现。

（三）现代教育技术对教学模式的影响

计算机的融入对数学教学形式产生了深远影响，首先体现在学习方式的根本转变上。学生由传统的"听"数学转变为在教师引导下"做"数学，从被动接受现成知识转变为像研究者一样主动探索未知，这一过程通过实验、观察、猜想、验证、归纳、表述等活动深化了学生对数学知识的理解，显著提升了其学习能力。其次，数学实验借助计算机技术的力量，有效缩短了学生与数学之间的距离，让数学变得更加亲切可触，不再是抽象与严谨代名词下的冰冷学科。计算机通过模拟实验情境，为数学深入浅出地呈现提供了可能，使得复杂概念易于理解，推理合情合理。

同时，新的学习模式"问题情境，相互交流"强调了在实验基础上的深入沟通与讨论，促进了学生从感性认识到理性认识的飞跃，以及从理解到应用的转化。在此模式下，口头与笔头的表达与交流成为关键，它们不仅帮助学生将数学知识符号化存储于脑海中，还促进了不同观点的碰撞与融合。教师的主导作用并未因数学实验的引入而削弱，反而更加凸显，他们需引导讨论、分析错误、阐述深刻见解，这些在交流中成为学生的迫切需求，并有效发挥了作用。

这种教学模式融合了个别化学习、小组协作与全班集体环境的优势，实验与交流的紧密结合全面展现了数学知识的形成过程。对教师而言，这一转变提出了更高要求，他们需要设计并组织吸引学生的数学活动，而非单纯传授知识。实践证明，这一教学模式的改革极大地激发了数学教学的活力，预示着计算机技术在数学教育领域的广泛应用与深刻影响是不可阻挡的趋势。

（四）现代教育技术对教师产生的影响

信息技术的迅猛发展不仅重塑了教育生态，还深刻促进了教师思想、意识、观念及角色的全面现代化。它彻底打破了传统教育教学的界限，通过以学生为中心的教学模式，极大地拓宽了教育的空间与实践范畴，并在教育教学理念、内容、方法及手段上实现了创新，赋予了教育更加鲜明的现代气息。在这一过程中，教师的角色发生了显著变化，从知识的传授者转变为学习的引导者、启发者、帮助者和促进者，体现了"以学生为中心"的教育理念。

信息技术的引入，从根本上改变了教师、学生、教材之间的传统关系，促使学校的功能结构与教学模式发生深刻变革。它支持个别化自主学习与协作学习的灵活切换，通过集成声、文、图、像于一体的多媒体内容，丰富了教学资源，增强了学习的吸引力和互动性，为学生创造了一种跨越时空界限的学习环境。同时，信息技术采用超文本形式组织知识，克服了传统知识结构的局限，更加符合现代教育认知规律。

面对这一变革，教师不仅需要具备传统的教学基本功，还需掌握信息技术相关的新技能，如编写电化教育教案、熟练操作各类媒体、高效收集与处理信息，并具备对信息资源进行即时调控与反馈的能力。这些新要求促使教师的专业素养与教学技能不断向现代化迈进。

此外，信息技术的广泛应用也推动了教师教学方法的现代化，计算机多媒体辅助教学、网络教学等先进手段与幻灯、投影、电影、录音、录像等传统媒介相结合，极大地丰富了教学手段，使教学过程更加灵活多样，富有成效。

信息技术的革新与发展不仅引领了教师队伍的现代化进程，更促使教育本身产生了从观念到方法、手段的全方位变革，构建了一个全新的教育体系。

（五）信息技术对学生的影响

信息技术飞速发展，为全球经济、文化及教育领域带来了前所未有的变革，其中教育作为国家进步的基石，其变革尤为关键。信息技术在教育领域的深入应用，不仅重塑了教学模式，更激发了学生的学习热情与潜能。通过多媒体教学等现代技术手段，抽象难懂的知识点得以直观展现，极大地提升了学生的学习兴趣与理解深度，促使学生从被动学习转向主动学习，真正实现了乐学、好学。

同时，信息技术的普及催生了资源型教学模式，这一模式鼓励学生自主探索、与多样化学习资源互动，教师则转变为指导者和参与者，这一转变不仅拓宽了学生获取信息的渠道，也促使他们学会发现问题、思考并解决问题，有效培养了自学能力与应变能力，为未来的社会生活奠定坚实基础。

此外，信息技术与学科课程的深度融合，强调了在教育过程中以人为本的理念，注重培养学生的信息意识及获取、处理信息的能力，打破了传统重记忆轻方法、重结论轻应用的评价模式，转而关注学生的全面发展与综合能力提升，这与现代教育目标高度契合。

最后，信息技术课程本身作为一门理论与实践并重的学科，不仅锻炼了学生的逻辑思维与动手能力，还通过高度自动化的操作过程培养了学生的严谨态度与独立探索精神，这些综合素质的提升，无疑为学生成为未来社会的栋梁之材铺设了坚实道路。

二、现代教育技术的发展趋势

（一）网络化

互联网技术的飞速发展，特别是远程、宽带、广域通信网络技术的革新，正引领着高校教育迈向全新的时代。这一技术浪潮不仅深刻改变了教学手段与方法，更预示着教学模式与教育体制的根本性变革。在互联网环境下，教育体制实现了前所未有的开放与包容，它跨越了时间与空间的界限，通过计算机网络触及全球每一个角落，构建起真正的"无界学校"。这样的教育体制赋予每个人双重身份——既是学生也是教师，让学习、工作、娱乐的自由度达到前所未有的高度。

在此框架下，无论身份背景如何，任何人都能轻松接入全球顶尖教育资源，从世界顶级教师的悉心指导到与权威专家的即时交流，从借阅并复制世界知名图书馆的藏书到瞬息间获取全球最新资讯，一切变得触手可及。这种基于信息高速公路的多媒体教育网络，真正实现了教育资源的全球共享与即时传递，使得高质量教育成为全民可及的福祉。

尤为重要的是，这种网络环境催生了全新的网络教学模式，它融合了"个别化教学"与"协作型教学"的双重优势，完全尊重并满足学习者的个性化需求。从教学内容的选择、学习时间的安排到教学方式的偏好，乃至指导教师的匹配，学习者都能根据自己的意愿与需求进行灵活调整，从而实现了教育的高度个性化与定制化。

（二）多媒体化

近年来，多媒体教育应用正以前所未有的速度崛起为教育技术领域的核心力量，这标志着国际教育技术正迈向多媒体化的新纪元。这一趋势主要体现在两大方面：一是多媒体教学系统的广泛应用，该系统凭借其多重感官刺激、高效信息传输、广泛适用性、便捷操作及强大交互性等诸多优势，在教育领域展现出不可阻挡的发展态势，确立了其在教育技术中的主导地位；二是多媒体电子出版物的兴起，这些出版物融合了新旧媒体之长，通过教学设计的精妙组合，构建了功能全面的多媒体教学系统，如 CD – ROM 光盘承载的电子词典、百科全书及刊物等，它们不仅提供了图文并茂、声形兼备的丰富内容，还融入了辅助教学功能，实现了知识的多维度呈现与个性化辅导，进一步推动了教育技术的多媒体化进程。

（三）愈来愈重视对人工智能在教育中应用的研究

智能辅助教学系统凭借其核心模块——"教学决策"（类似于推理引擎）、"学生模型"（捕捉学生的认知结构与能力）及"自然语言接口"，展现出了与杰出人类教师相媲美的多项能力。这些能力包括精准把握每位学生的学习潜力、认知风格及当前知识掌握情况；根据学生个体差异灵活调整教学内容与方法，实施个性化教学辅导；以及支持学生通过自然语言与"计算机导师"进行无缝交流。NATO 科学委员会的 AET 项目便是一个例证，其八大研究议题中有四项直接或部分涉及 AI 应用，如任务分析与专家系统的全面 AI 融入、学生模型构建与错误诊断中的 AI 辅助，以及个别指导策略与学习者控制、微世界与问题求解中的 AI 技术支持，尤其后两者在特定环节上展现了 AI 的不可或缺性。

三、现代教育技术在大学数学教学中的应用

近年来，我国教育技术经历了飞速的发展，取得了显著成就，其中多媒体、计算机、网络技术及人工智能等信息技术在教育领域的广泛应用，为教育教学改革注入了强劲动力与无限可能。作为理工经管类专业不可或缺的公共基础课程，大学数学课程不仅承接中学数学，更致力于深化学生的抽象思维、逻辑推理及应用创新能力培养，为其专业学习及未来科研奠定坚实基石。

通过教育数字化手段，我们尝试构建一种全新的教学模式，该模式不仅充分利用了信息技术的优势，如多媒体资源的直观展示、网络平台的即时互动、智能系统的个性化辅导等，还保留了大学数学课程培养核心能力的本质，实现了传统与现代、基础与创新的有机结合。这一过程不仅丰富了教学手段，增强了课堂的吸引力与互动性，更重要的是，它提升了学生主动学习、深度思考及创新实践的能力，为大学数学教学开辟了一条数字化、智能化、高效化的新途径。

（一）建立与时俱进的优质教学资源，提升大学数学课程的高阶性和创新性

与时俱进的优质教学资源是提升教学效果的核心驱动力。面对时代的快速发展，传统教学资源如教材、教案及课件的局限性日益凸显，难以契合现代教学需求。在大学数学教育中，构建并持续优化数字化教学资源体系显得尤为迫切。此体系应紧密围绕教学目标与内容，着重于以下四个方面的创新与整合：

1. 深度融合课程思政，强化价值引领：深入挖掘数学课程中的思政元素，将思政教育自然融入教材、教案与课件的编写中，不仅传授知识，更注重价值观的塑造与理想信念的培育，实现知识传授与价值引领的双重目标。

2. 融入实用创新元素，增强应用导向：将社会生活实例、科技进展、国家发展战略及历史文化等素材与数学知识点紧密结合，丰富教学内容，强化数学的实践应用价值，解决传统教学中重理论轻应用的问题，促进教学内容的高阶性、创新性与实用性。

3. 实现数学知识可视化，提升学习体验：借助 GeoGebra、Matlab 等先进软件工具，

将抽象的数学概念与定理转化为直观、生动的图形与动画，使数学知识"活"起来，增强学生的学习兴趣与理解能力，深化对理论知识的掌握。

4. 构建网络课程体系，促进资源共享：基于精心设计的教案与课件，制作高质量教学视频，并利用学习通、智慧树、爱课程等在线教育平台，搭建网络课程，为师生提供灵活多样的教学与学习模式，促进教学资源的广泛共享与高效利用，进一步提升教学效果与学生的学习效率。

（二）融合现代教育技术，提升大学数学课程的趣味性和高阶性

在丰富教学资源的坚实支撑下，我们深度融合现代教育技术，构建了一个全方位、立体化的教学过程。首先，利用云端平台如学习通、雨课堂等作为预习的导航灯，教师精心编制知识导图，明确学习任务，引导学生自主探索，提前在慕课平台上预习课程内容，让学生在正式学习前就能对知识的框架与重点有初步把握，从而培养其自主探究的习惯与能力。

其次，在课堂上，我们巧妙融合多媒体、视频、动画等先进技术，打造一个生动互动的学习环境。教师采用问题导向和探究式教学法，鼓励学生积极思维，使教学从单向灌输转变为多向交流，课堂因此变得更加高阶、有趣，这不仅提升了学生的参与度，也增强了课程的挑战性。这一过程有效促进了学生逻辑思维与应用创新能力的双重提升。

最后，我们拓展学习边界，依托现代教育技术和丰富的数字化资源，精心打造第二课堂。学生不再受限于传统教材与笔记，面对疑惑或遗漏的知识点，可随时登录平台，观看慕课或回顾课堂实录，实现个性化学习，彻底打破了时间与空间的桎梏。这样的教学模式，让优质数字资源如金子般熠熠生辉，照亮了学生自主学习的道路。

（三）加大宣传和培训力度，提升教师数字化教学的素养和能力

信息技术的飞速发展无疑为大学数学教学带来了重大的变革，但技术的有效利用终究依赖教师的积极态度与技术能力。为促使教师主动拥抱这一变革，我们需采取双管齐下的策略：一方面，通过广泛的宣传与引导，激发教师转变传统教学观念的热情，增强他们运用信息技术于教学的内在驱动力；另一方面，通过多样化、系统性的培训，确保教师掌握必要的信息技术工具，使他们不仅愿意而且能够灵活运用这些技术丰富教学手段，提升教学质量，最终实现教师数字化教学素养与能力的全面提升。

现代教育技术与大学数学教学的深度融合，是教育现代化的重要标志。这种融合不仅体现在教学内容的更新与拓展上，还深刻影响着教学手段的多样化和教学模式的创新。在大学数学课堂中广泛应用现代教育技术，不仅能够以更直观、生动的方式展现数学概念与原理，帮助学生深入理解并掌握知识要点，还能有效锻炼学生的数学思维能力和应用创新能力。同时，教师也能借此机会优化教学内容结构，探索更加高效、灵活的教学模式，从而全面提升教学效率和教学质量，实现教与学的双赢。

第二节　现代教育技术在高校数学教学中的应用模式

一、计算辅助数学教学

（一）基于 CAI 的情境认知数学教学模式

基于 CAI（计算机辅助教学）的情境认知数学教学模式，通过巧妙融合多媒体计算机技术，构建富含图形、图像、动画等元素的动态数学认知环境。此模式旨在通过视觉与听觉的双重刺激，激发学生的学习兴趣与主动性，促使学生在观察、操作、辨别与解释中深入探索数学概念、命题及原理等核心知识，实现知识的"意义建构"。教师依据教学内容特点设计动态课件与互动情境，主导演示同时鼓励学生参与操作、猜想与讨论，形成以认知活动为核心的陈述性知识获取过程。计算机以其强大的表现力，将复杂抽象的概念直观化、形象化，不仅增强了知识的趣味性与层次性，还促进了新旧知识间的有效联结，为学生提供了丰富的"人机对话"机会，优化认知路径，提升学习效率。

在数学课堂上，这一模式尤为显著地体现在将微观现象宏观化、抽象概念具象化，实现"数"与"形"的无缝转换，为数学概念与命题的理解提供了直观而深刻的视角。通过计算机辅助教学，学生得以剥离非本质属性，直击知识本质，深化理解。鉴于其操作简便、硬件要求适中，适合广泛推广，基于 CAI 的情境认知数学教学模式已成为我国数学教学中不可或缺的一部分，深受教师与学生的喜爱。

（二）基于 CAI 的练习指导数学教学模式

基于 CAI 的练习指导数学教学模式，是一种高效利用计算机技术促进学生知识巩固与技能提升的教学策略。该模式通过计算机生成的大量练习题，包括多样化的变式题，确保学生全面掌握基础知识和基本技能。学生在计算机辅助下独立作答，计算机即时分析解答情况，提供个性化反馈与强化，同时教师根据具体情况给予适时的指导。

此教学模式有两种主要操作形式：一种是传统多媒体教室环境下的集中练习指导，教师统一展示习题，进行针对性指导，尽管硬件要求低、操作简便，但受限于技术层次，教师指导覆盖有限，学生解答情况展示代表性不足；另一种是网络教室环境下的个性化练习指导，每位学生拥有独立计算机，教师通过教师机全面监控学生练习进度与难题，实现高效、精准的指导。网络教室不仅提升了练习与指导的效率，还促进了人机深度互动与个别化指导，教师能灵活展示优秀解法、典型问题或错误示例，鼓励学生间网络交流、资源共享。这种模式充分发挥了计算机技术的潜力，确保了不同能力水平的学生均能得到适宜的支持与发展，显著提高了数学教学的整体效率与质量，代表了计算机辅助数学教学的发展方向。

（三）基于 CAI 的问题探究数学教学模式

基于 CAI 的问题探究数学教学模式，是一种创新的教学策略，它巧妙利用计算机软件将数学学习内容转化为富有挑战性的问题或情境，鼓励学生以个人或小组合作的形式，通过积极思考与问题解决的过程来探索知识、发展能力。这一模式广泛适用于数学概念、命题、原理乃至法则、思想方法及建模应用等多个层面的学习，强调给予学生充足的探究空间与"数学发现"的机会，尽管对学生综合能力要求较高，但正是这些挑战促进了学生的深度学习与成长。

在当前的计算机辅助数学教学环境下，该模式的应用主要分为两类：一是计算机直接提供问题（并可选配解题程序），学生围绕这些问题展开探究，通过解决问题来归纳概括知识原理；二是计算机创建问题情境，学生需自主分析问题背景，设定问题、提出假设并设计解决方案，随后利用计算机执行相关操作，验证假设并得出结论。这一过程充分展现了学生的主体地位，培养了他们的问题解决能力、批判性思维及创新能力。

对于数学学习中常见的抽象建模、复杂运算及图形动态变换等难题，计算机技术的应用不仅使这些问题更加直观生动、引人入胜，还极大地拓宽了探究路径，帮助学生克服认知障碍，更加高效地探索数学奥秘，实现知识的深度理解与技能的全面提升。

二、远程网络教学

（一）网络教学的特点

1. 交互性

在传统的教学模式中，教师与学生之间的关系往往局限于单向的知识传递，即教师讲授，学生被动接受。这种模式下，学生鲜有机会全面展示自己对学习内容的见解，或是详细阐述他们解决问题的具体步骤。同样，同班同学间关于学习问题的深入交流也相对匮乏，更不用说跨越地域界限，与外地学生共同探讨与协作的机会了。

然而，网络教学的引入彻底改变了这一现状。它构建了一个全新的教学互动平台，使得教师与学生之间能够以一种双向甚至多向的方式交流信息。教师能够实时接收学生的反馈，据此灵活调整教学策略，实现教学过程的动态优化。而学生，则拥有了更多的自主权与参与度，他们不仅能够直接向教师提出疑问，寻求专业指导，还能在网络上发布自己的见解，与全球的学者、专家乃至同龄人进行思想碰撞。

此外，网络教学还极大地促进了学生之间的交流与合作。借助电子邮件、论坛（BBS）、在线协作工具等网络技术手段，学生们可以跨越地理界限，就任何学习问题进行深入的讨论与分享。这种跨越时空的协作模式，不仅拓宽了学生的知识视野，还锻炼了他们的沟通能力、批判性思维和团队协作能力。在这个过程中，学生不仅通过自我思考获取知识，还能从他人的观点中汲取灵感，进一步丰富和完善自己的知识体系，最终实现知识的建构与转换。

2. 自主性

网络以其海量的、多姿多彩、图文并茂、形声并茂的学习资源，为学生构建了一个前所未有的信息宝库。这些资源不仅数量庞大，还跨越了多重视野、层次与形态，极大地提升了学习内容的广度与深度。相较于传统模式下教师与有限教材参考书的信息孤岛，网络赋予了学生前所未有的自由度和选择权，使他们能够根据个人兴趣与需求，灵活探索与学习。

这一转变正是学生实现自主学习的坚实基石。在网络环境中，信息的获取、表达与传播三者紧密交织，形成了一个动态循环的学习生态系统。学生不仅能够便捷地吸收知识，还能通过创建、分享自己的见解与作品，体验到成就与满足，这种正向反馈机制有效激发了他们的学习兴趣与自主性。网络学习因此成为学生主动探索、自我驱动的重要平台，推动了个性化、高效化的学习进程。

3. 个性化

传统教学常受限于统一内容和固定方式，抑制了学生创造力的发挥，倾向于批量培养同质化人才。教师难以满足每位学生的独特需求，即便尝试个别教学，其效果也往往受限。而网络教学则突破了这一局限，实现了异步交流与学习的新模式。学生依据教师指导及个人情况灵活安排学习进度，通过网络与教师即时沟通，明确自身成长与短板，迅速调整学习策略。同时，学生能随时随地利用网络资源学习、讨论或获取在线支持，真正实现了个性化教学的愿景。

（二）网络教学基本模式

1. 讲授型模式

在传统教学模式下，教学往往局限于教师讲授、学生聆听的单向沟通框架内。而Internet 的引入，显著打破了这一框架，最显著的优势在于它消除了地域与人数的限制，使教学跨越时空界限。然而，其局限性亦不容忽视，即难以复制传统课堂中师生面对面交流的亲密氛围，学习情境的沉浸感相对较弱。

利用 Internet 实现的讲授型教学模式，可分为同步与异步两种形式。同步式讲授模拟了传统课堂的部分体验，尽管师生身处异地，但能在同一时间进行授课与简单互动，保持了一定的教学同步性。而异步式讲授则充分发挥了 Internet 的 WWW 与电子邮件服务功能，赋予了学生极大的灵活性，允许他们根据自身情况自由安排学习时间、内容及进度，随时访问资源或寻求教师指导。这种模式的灵活性虽高，却也要求学生具备高度的自律性和主动性，以弥补实时交互性的不足。

（1）同步式讲授

同步式讲授模式是一种创新的网络教学形式，它让身处不同地域的教师与学生能在同一时刻相聚于网络空间。教师于远程授课教室中，借助直观演示、生动讲解及详尽的文字资料，向学生传递丰富的教学信息，这些信息通过网络桥梁即时送达学生所在的远程学习教室。学生则通过细致观察、深入理解教材、积极练习巩固及灵活运用所学知识来参与学习过程，同时，借助特定设备，学生与教师间能进行即时互动，确保教学反馈的即时性与有效性。此外，教学所需材料与学生的作业均可通过网络及通信系统实现实时展示与传输，这些材料以多媒体形式精彩呈现，涵盖了文本、图形、声音的多元组合，甚至融入了生动的视频内容，极大地丰富了学习体验，提升了教学效果。

（2）异步式讲授

异步式讲授模式巧妙地融合了网络课程与流媒体技术，后者以其边下载边播放的特性，实现了低带宽要求下的音频、视频实时播放，让互联网成为承载教师授课实录的新舞台。在此模式下，学生自主学习的主要渠道是访问 Web 服务器上的网络课程，这些课程以树状结构清晰呈现章节内容，便于学生穿梭于课程框架之间，同时聆听教师讲解，享受沉浸式学习体验。

网络课程的设计与开发至关重要，它不仅需精准映射学科的知识结构与核心内容，还需融入教师的教学理念、具体要求及评估机制，形式多样，涵盖文字、音频、视频等，以满足学生自我检测与提升的需求。面对学习中的困惑，学生可通过电子邮件向在线教师或专家求教，亦能利用 BBS、新闻组及在线论坛等平台，与全球范围内的学习者共同探讨交流，促进知识共享与思维碰撞。

2. 讨论学习模式

Internet 为讨论学习提供了多样化的平台，其中最为简便高效的方式莫过于利用电子布告牌系统（BBS）与在线聊天系统（CHAT）。专家及教师们在各自领域内设立专门的学科讨论区，学生可自由发言并即时点评他人观点，所有交流内容均即时共享于所有参与者之间。随着 WWW 技术的迅猛发展，BBS 服务已无缝融入这一平台，学生仅需通过标准浏览器即可参与讨论，便捷性大幅提升。

讨论学习模式细分为在线与异步两种形式。在线讨论模拟传统课堂的小组讨论场景，教师设定议题后，学生分组即时交流。值得注意的是，无论哪种形式，深入讨论均离不开学科专家或教师的积极参与与引导，以确保学习质量与深度。

（1）在线讨论

在网络教学互动中，教师扮演着至关重要的角色，他们通过网络渠道细心"聆听"每位学生的声音，适时引导讨论话题的方向，确保交流的高效与深入。讨论结束后，教师会全面总结讨论过程，并对每位参与者的表现给予中肯评价，既表彰亮点，又建设性地指出改进空间，这一切均以维护学生自尊、促进积极交流为原则。在策略运用上，教师擅长发掘并正面反馈学生的积极发言，同时以尊重与理解的态度纠正偏颇观点，确保讨论氛围的和谐与讨论的顺利进行。讨论主题可灵活设定，既可由教师精心策划，也可授权给讨论小组组长，以此激发更多元化的思考与碰撞。

（2）异步讨论

异步讨论模式由学科教师或专家精心策划，围绕核心主题设计启发性问题，在BBS 系统上构建专属讨论区。学生自主选择加入，就议题展开讨论或贡献见解。教师则进一步规划后续问题链，旨在引领学生深入探讨，促进知识深化。在此过程中，教师以提问引导方向，避免直接指示，鼓励学生自主思考与探索。同时，教师需敏锐捕捉学生表现，适时给予精准反馈与评价。

讨论设定明确期限，期间学生可自由发声，相互评论，形成活跃的交流氛围。教师定期审查网上言论，既评估讨论质量，又适时抛出新议题，激发更深层次讨论。此模式不仅促进学生间思想碰撞，也强化了师生间的互动，共同推动学习进程。

3. 个别辅导模式

这种创新的教学模式巧妙融合了基于 Internet 的 CAI 软件与教师个性化的通信指导。它利用 CAI 软件模拟教师的教学职能，通过软件的智能交互与详尽的学习记录功能，为每位学生量身定制个性化的学习空间，满足其独特的学习需求。在此模式下，个别辅导可以灵活进行：学生与教师之间既可以通过电子邮件进行非即时的异步交流，也能借助 Internet 实现在线实时交谈，确保沟通的即时性与有效性。这种教学模式不仅提升了教学的针对性与效率，还极大地促进了师生间的个性化互动与协作。

4. 探索式教学模式

探索式教学以解决实际问题为基石，坚信学生在此过程中的学习成效远超单纯的知识灌输。它不仅深化了思维训练，还拓宽了学习成果的边界，涵盖了知识掌握、问题解决能力及独立思考的元认知技能等多个维度。在 Internet 环境下，探索学习模式展现出其广泛的适用性，通过发布挑战性问题并配套丰富的信息资源，鼓励学生自主探究。同时，专家团队的在线支持确保了学生在遇到难题时能得到及时帮助。此模式以其技术实现的简便性与促进学生积极性、主动性和创造性的显著效果，成为破解传统教育弊端、展望广阔应用前景的重要途径。

5. 协作学习模式

协作学习是一种以小组为单位的学习模式，旨在通过成员间的紧密合作与互动，共同追求既定的学习目标，并在相互激励的环境中最大化个人与集体的学习成效。在网络环境下，协作学习得以借助计算机网络及多媒体技术的强大支持，使来自不同背景的学习者能够围绕同一主题进行深入交流与协作，这一过程不仅加深了他们对学习内容的理解与掌握，还促进了高级认知能力的发展与健康情感的培养。相较于个别化学习，网络协作学习以其独特的优势，如增强团队合作能力、激发创新思维等，赢得了教育工作者的广泛青睐与关注。

第三节　现代信息技术与高校数学教学的整合

一、现代信息技术与数学教学整合的概念

（一）现代信息技术与数学教学整合的内涵

数学新课程的推进，既预示着前所未有的机遇，也伴随着诸多挑战。信息技术的融入，为数学教学开辟了新的发展空间与展示舞台，它不仅是教学工具的创新，更是

教育理念与模式深刻变革的催化剂。因此，深入探讨信息技术与数学教学的融合创新，对于明确数学教育应以先进理论为引领，促进教育思想更新、课堂教学重构、教学方法与手段升级至关重要。这一整合的核心在于将信息技术无缝对接到数学教学的每一个环节，通过文字、图像、音频、动画、视频乃至三维虚拟技术等多媒体元素，丰富课件内容，拓展教学视野，使教学方法灵动多变，教学容量与质量显著提升。其最终目标是培养教师成为信息技术，特别是计算机操作的高手，转变辅助教学思路，开启更加高效、富有创意的数学教学实践新篇章。

（二）现代信息技术与数学教学整合方式的变革

由于数学本身具有抽象性、逻辑性等特点，现代信息技术与数学教学整合的方式既有与其他课程相同的地方，又有着自己的特点。

1. 初级数学软件的使用

Excel 作为一款强大的数据处理与分析工具，不仅擅长执行基础的统计计算如均值、方差等，还能通过多样化的图表形式（扇形图、直方图、条形图、折线图）直观展现数据特征，有效解决了课堂教学中抽象概念难以直观化的问题。特别是针对函数性质探究，如幂函数、指数函数、对数函数间的比较，Excel 能够依托具体案例，通过图像绘制功能，直观展示函数图像及其动态变化，使复杂数学关系一目了然。

另外，几何画板以其独特的动态几何作图能力，使学生能够直接操作基本图形元素（点、线、圆等），通过拖动、观察、猜想与验证的过程，深化对几何图形的直观认识，积累丰富的几何经验。在探索如"过不在同一直线上三点确定唯一圆"的定理时，几何画板通过轨迹跟踪功能，让学生亲眼见证从无数过一点或两点的圆，到三点共线时圆不再存在的动态变化过程。这种直观的操作体验，不仅激发了学生的探索兴趣，也极大地促进了他们对几何定理的深入理解和记忆。

2. 编程工具

算法思维作为数学领域的核心脉络，其影响力跨越了数学发展的漫长历程。早在20 世纪 70 年代，吴文俊院士便前瞻性地提出了数学机械化的理念，倡导将数学问题转化为算法形式，并借助计算机的强大算力加以解决。这一思想深刻揭示了算法与现代科技的紧密联系。在当下，算法与计算机编程更是密不可分，它们共同构成了数字时代的基石。因此，教师在算法教学中，应着重引导学生逐步理解算法流程图这一关键工具，进而培养他们的初步计算机编程能力，比如通过教授 C 或 C++ 等编程语言，让学生亲手实践，掌握编程的基本技能。

3. 学科教学专题网站

学科教学专题网站作为教育教学的综合性平台，其构建主体既可以是教师个人，也可以是学校或地区，专注于教学科研的深度探索。这一平台上，各科教师得以在精心设计的栏目中分享宝贵的教学案例与深刻的教育反思，形成丰富的教育资源库。同时，它也为师生、教育管理者等多元群体提供了一个开放的交流论坛，鼓励各方就教育议题发表见解，促进思想的碰撞与融合。

更重要的是，学科教学专题网站作为教育研究的数字化阵地，为教师跨地域协作研究开辟了新途径，打破了传统教研活动的地域限制，让优质教育资源的共享与整合成为可能。其开放性特征还促进了教学过程与成果的横向对比，为教育工作者提供了更为广阔的视野与更加深入的实质性研究机会，推动了教育教学实践的持续创新与发展。

4. 网上聊天室和公告板系统

网上聊天室与公告板系统（BBS）作为数学教学的两大互动平台，各自展现出了独特的魅力与优势。它们不仅强化了师生间的课后交流，还极大地丰富了教学内容与形式。相较于即时性强的网上聊天室，BBS 以网页为载体，承载了更为庞大的信息量，且不拘泥于时间的即时性，为用户提供了更为灵活的信息服务空间。在 BBS 上，用户不仅能下载软件、发布信息，还能参与热烈的讨论与轻松的聊天，形成了一个广阔而深入的交流网络。对于数学教学而言，BBS 成了师生跨越时空界限的桥梁，学生可在此向教师求教数学难题，教师也能借此洞悉学生的学习状态与心理动态，实现双向互动。此外，师生还能共享丰富的数学资源，如数学故事、历史视频及图片等，促进了知识的传播与共享。

而网上聊天室，则以实时传送文本、音频及视频交流功能著称，如腾讯 QQ、MSN 等平台，它们通过"群"的形式将同班级或同年级的学生紧密联系在一起，便于师生之间进行即时的数学知识交流与疑难解答。这种即时的互动方式，不仅提高了学习效率，还为学生提交作业提供了便捷渠道，进一步推动了数学教学的现代化与个性化发展。

二、现代教育技术与数学教学整合的原则

（一）理论与实践相结合的原则

在新课程改革的浪潮中，教师被赋予了新的角色——教学资源的开发者，旨在为学生拓宽学习视野，丰富学习内容。面对现代教育技术与数学教育深度融合的时代需求，这一结合不仅是理论与实践相碰撞的火花，更是推动知识学以致用的强大引擎。数学教师，作为教学前沿的探索者，凭借丰富的实践经验，成了连接理论与实践不可或缺的桥梁。他们需深入剖析数学理论与方法，探索二者融合的最优路径，确保知识的传授既根植于深厚的理论基础，又贴近实际应用的土壤。

在教育实践中，数学教师应敏锐捕捉数学学科的独特魅力，巧妙安排理论与实践整合的最佳时机，让现代教育技术的融入成为增强教学效果的催化剂。这一过程中，我们既要充分发挥数学教学的严谨性与逻辑性，也要借助现代技术直观、互动的优势，形成优势互补，弥补单一教学方式的局限。通过这种"双剑合璧"的策略，我们不仅促进了教学内容与方法的创新，更激发了学生学习数学的热情与潜能，实现了教育质量的全面提升。

（二）研究性原则

在数学教学与现代教育技术的深度融合中，研究性原则占据着举足轻重的地位。这要求我们在运用教育技术时，不仅要展示知识的广度与深度，更要鼓励学生将所学知识应用于实践，实现知识到能力的有效迁移。通过教育技术的运用，我们旨在为学生营造一个开放而富有挑战的学习环境，使他们能够在这个环境中掌握解决实际问题的策略与方法，从而激发其自主学习的内驱力，不断提升自我。最终，我们的目标是将学生培养成为能够灵活运用数学知识解决实际问题，具备持续学习能力的未来人才。

（三）主体性原则

教育的本质要求教育技术的应用始终围绕教学需求与目标的达成，作为辅助而非替代手段存在。技术虽先进且普及，却无法取代人与人之间真挚的交流与互动，即便是高效的现代教育技术，也无法完全替代师生间面对面的情感碰撞与思想交流。在数学教学实践中融入现代教育技术，旨在激发学生的学习兴趣，构建利于自主探究与发现的学习环境，但这一切努力都应建立在以学生为主体的教学原则之上。

当前教育改革的核心在于强化学生的主体性，倡导学生成为学习过程的主动参与者而非被动接受者。因此，数学课堂应是一个激励学生探索未知、发挥主观能动性的舞台。在整个教学过程中，我们必须坚守主体性原则，确保学生始终处于学习活动的中心位置。若盲目追求技术的堆砌，让现代教育媒体充斥课堂，虽看似活跃却可能忽视了学生作为独立思考者的本质需求，将其简化为知识灌输的对象，最终将降低学习效率，违背教育初衷。故而在技术应用与教学设计间寻找平衡，是提升数学教学质量的关键所在。

（四）主导性原则

现代教育技术的引入，无疑为数学课堂带来了便捷与高效，教师轻点鼠标即可呈现精心准备的教学内容。然而，这种教学模式也伴随着一定的局限性，即教学内容往往过于预设，可能限制了学生思维的自由流动。因此，运用技术的关键在于如何巧妙地将学生的即时想法融入这一既定流程，实现从"教师主导"到"多媒体辅助"，而非"多媒体中心"的转变。

尽管现代教育技术能有效解决数学教育中的诸多难题，但它绝不应被视为教师的替代品。课堂上，教师的激励、个性化指导、实时反馈及对学生全面发展的关注，是任何技术都无法完全替代的。不过，教育技术确实能够减轻教师的部分繁重工作，提升教学效率，使教师有更多精力聚焦于学生的个性化发展与潜能挖掘。

在此背景下，现代教育技术的定位应明确为"教学支持工具"。教师作为教学过程的引领者，应充分发挥其主导作用，同时鼓励学生积极参与，展现其主体地位。这意味着在备课时，教师应避免过度依赖软件，而应注重教学内容的灵活性与生成性；在课堂上，教师则不应仅仅依赖屏幕展示，而应结合多种教学手段，促进学生间的交流与互动，共同构建充满活力的数学课堂。

三、信息技术与数学教学整合的策略

（一）课件的设计中应尽量加入人机交互练习

在构建计算机辅助教学（CAI）课件时，遵循一种以增强互动性和高效性为导向的设计原则至关重要。CAI课件的结构通常分为顺序结构和交互结构两大类，其中交互结构的引入是提升教学效果的关键所在。

顺序结构侧重于按照预定流程进行信息传递，而交互结构则允许用户通过操作（如点击、拖拽、输入等）与课件产生互动，从而获得更加个性化和参与式的学习体验。相较于传统的一维信息传递方式，交互结构能够激发学生的主动探索欲望，提高学习效率，尤其是在处理复杂的概念和技能时。

为确保多媒体技术在课件中得到充分、有效利用，我们应尽可能融入交互设计元素。这不仅能够使界面更加丰富、吸引人的注意，还能帮助教师灵活地组织和展示教学内容，满足不同学生的学习需求。通过设置多种交互方式，如选择题、填空题、操作演示等，教师与学生、学生与计算机之间的沟通得以实现，这有助于提升课堂教学的整体质量，突破知识难点，培养学生的综合能力和创新思维。

在设计过程中，我们应注重结合具体教学目标和内容，科学合理地布局交互环节，确保每一步操作都能有效促进学习目标的达成。例如，我们可以设置一些需要学生操作解决的问题或任务，让学生亲自动手实践，同时在关键步骤给予即时反馈，强化学习效果。此外，适时引入人机交互下的练习活动，既能增加课堂的趣味性和互动性，我们又能通过即时反馈机制，及时纠正学生的错误理解，进一步提升教学效果。

通过合理设计交互结构，充分调动多媒体技术的优势，我们不仅能够显著提升教学效率，还能激发学生的学习兴趣，促进其主动探索和深度理解，最终实现教学目标，培养学生的综合素质和实践能力。

（二）充分发挥教师的主导和学生的主体作用

在教育实践中，教师的角色不应仅限于操作计算机或单纯依赖CAI课件。我们应将之视为提升教学质量的辅助工具，而非主导力量。避免机械、无目的地使用技术演示，教师需根据教学内容和学习阶段的适宜性来灵活运用，确保技术手段服务于教育目标，而非成为学习的障碍。

尤其在数学教学中，尽管现代技术提供了强大的计算和可视化工具，但教师的启发性和引导性仍然是无法替代的。数学学科的独特价值在于培养逻辑思维、问题解决能力和创造性思考，这是计算机或任何其他教学资源难以替代的。因此，数学课程不应沦为简单的技术展示，教师应围绕如何利用这些工具深入探讨数学概念，如何将现代信息技术作为解决复杂问题、进行高效数学学习的有力辅助手段。

教师的任务是指导学生如何在数学学习中有效地利用 CAI 课件，比如利用软件进行数值计算、模型构建、数据可视化等，以提高理解和解决实际问题的能力。更重要的是，教师应该激发学生主动探索、独立思考的热情，鼓励他们将数学理论应用于现实情境，培养实践能力。通过这样的教学策略，教师不仅可以提高学生对数学的兴趣，还能培养他们独立思考和解决问题的能力，充分发挥学生的主体作用，使其更加积极地投入数学学习活动中，最终实现数学教育的目标。

（三）注意效果的合理运用

计算机辅助教学（CAI）课件作为一种教学辅助工具，其主要功能在于辅助传统的课堂教学。合理使用 CAI 课件可以显著提升教学效果，增强课堂的互动性和吸引力，但应用时我们务必谨慎，避免过分依赖而分散学生的学习注意力。具体而言，以下几个原则值得我们遵循：

1. 色彩搭配

在设计课件时，我们应采用简洁明快的颜色方案，避免使用过多鲜艳的颜色或复杂的渐变效果。颜色应当有助于信息的区分和记忆，而不是成为分散注意力的因素。

2. 画面设计

画面设计应注重清晰性和直观性，避免过度装饰或过于复杂的布局。图片、动画等元素应与教学内容紧密相关，起到辅助理解的作用，而非成为干扰。

3. 内容控制

CAI 课件的内容应精炼、有针对性，集中于课堂教学的某一特定知识点、难点或实践环节，避免因内容过泛而导致学生注意力分散。

4. 互动性

设计适当的互动环节，如选择题、填空题或问题讨论，可以有效提升学生参与度，促进知识的内化。

5. 适时运用

CAI 课件应被视为课堂教学的辅助工具，而非主角。在恰当的时机使用，如讲解难点、进行案例分析或模拟实验等，能够更高效地支持教学目标的达成。

总之，合理、适度地运用 CAI 课件，结合多媒体手段对课堂教学的关键部分进行辅助，可以有效提升教学质量和学习效果，关键在于明确教学目标，根据学生需求和学习特点，精心设计和实施 CAI 课件的应用，使之成为优化教学过程、提高学生学习效率的有效工具。

（四）积极开发有利于学生主体性发挥的教学课件

当前的教学课件现状确实存在一些挑战，主要包括 CAI 课件的缺失、质量参差不齐、通用性不强及对学生主体性的忽视。针对这些问题，我们确实需要采取一系列措施来优化和提升教学课件的质量和使用效果，以更好地适应现代教育的需求。

首先，充分利用网络资源是一条可行且有效的途径。我们可以广泛搜索并整理出国内外优质、实用的教学资源，并根据教学实际需求进行筛选和整合。在使用网络资源时，我们虽然可以借鉴全球范围内的优秀案例，但绝不能照搬照抄，而是要基于自己的教学情境和目标进行适配和创新，确保资源的应用能够真正服务于教学过程，提高教学质量。

其次，与数学教育资源库建立合作关系，无论是商业合作还是友情协作，都能够为我们提供丰富的素材资源，这些资源可以直接应用于教学或者稍做修改即可使用，这促使教学材料更具多样性和针对性，同时也节省了教师自行开发资源的时间和精力。

再次，教师们应充分发挥自身的主观能动性。在业余时间，我们可以组织教师团队进行自制课件的开发，共享资源与经验。自制的课件通常具有更强的针对性和实用性，更能贴合学生的实际情况和学习需求，从而显著提高教学效果。此外，通过资源共享机制，课件能够在更广泛的范围内被传播和使用，进一步优化教育资源的分布和利用效率。

（五）从深层次整合信息技术与数学课程

信息技术与数学课程的整合，不仅改变了数学教学的形式和内容，更是深入影响了教学的本质和目的。部分教师或许仅仅看到了信息技术作为知识展示工具的作用，而未能理解其在改变教学方法、激发学习兴趣、优化学习过程等方面的可能性。他们可能认为，通过面板和电子设备辅助教学与信息技术的整合并无实质差异，实际上，这仅仅触及了表面层次的整合，表明了教师对信息技术的了解还停留在较为浅显的层面，并未实现深层次的教学方法变革。

要实现真正意义上的整合，关键不在于技术本身，而在于如何将信息技术有机融入数学教学，使之成为教学内容、教学方法和评价方式的一部分，而非孤立的手段或附加的装饰。如果整合活动仅仅是技术的表面化应用，例如仅仅为了美观而制作充满色彩和图像的课件，这就容易陷入形式主义的教育误区，忽略了教育的本质和深层意义。

数学教育的核心价值在于培养学生的逻辑思维能力和问题解决能力，而不仅仅是让学生死记硬背数学公式或符号。因此，技术与数学课程的深度融合应当体现在促进思想和方法的创新上。通过将计算机科学和数学课程紧密结合，教师能够激发学生的创造性思维，引导他们以更开放、更主动的方式探索知识，发现解决问题的新方法。

深度整合数学课程与信息技术的关键在于围绕具体的数学问题进行设计，这不仅是为了解答特定的问题，更重要的是要让学生通过实验、探索和实践的过程，学会如何运用数学思想和方法，培养独立思考和解决问题的能力。这不仅有助于提高学生的学习效率和质量，也是提升数学核心素养的重要途径。

然而，深度整合不应局限于特定问题的解答，而应着眼于学生能够通过数学实验和方法的掌握，不断思考、探索、发现知识的过程，以及运用所学的数学思想方法解决实际问题的能力培养。这样，信息技术与数学课程的整合才能真正服务于学生的全面发展，使学生能够在实践中深化对数学概念的理解，同时提高解决实际问题的能力，最终达到教育的目的。

（六）"现代"型教师与"传统"型教师互相整合

整合计算机科学和数学课程，并非单一依靠教师个人发展所能实现的目标。尽管引入现代化教育手段及技术应用的确需要投入大量时间与资源，面对解决一个看似小问题的挑战时，实际操作中往往伴随着诸多复杂细节和时间成本，这使得效益与投入之间的比例显得不太理想，但这并不意味着我们应忽视这一路径。实际上，过分强调对所有教师采用统一的现代教学技术要求，对那些可能对此感到压力的老教师而言，可能会适得其反。每位教师都有其独特的优势和专长，因此，让每一位教师专注于他们最擅长的领域，是更为合理且有效的策略。

理想的教学环境应该是将现代教师的教育技术与传统教师的丰富教育教学经验相结合，实现互补，形成全面而有效的教学体系。这不仅仅依赖于技术手段的更新换代，更在于教育理念的更新与深化。在日常教学中，我们应充分利用信息技术作为辅助工具，提升教学效率与互动性，但绝不能以此取代教师的核心角色和职责。因此，在将信息技术融入数学教育的过程中，我们需保持适度性，注重教学内容与方法的创新性，同时充分考虑学生的学习基础与背景，避免过度依赖技术导致教学质量的下降。

现代教育技术的应用应当作为提升数学教育效果的补充手段，而非替代现有教学模式的关键。在此过程中，重要的是不断优化教师的整体素质，包括教育理念、教学方法及技术应用能力，实现传统教育技巧与现代技术手段的优势融合，共同推动教育质量的提升，激发学生的学习兴趣与潜力，进而达到最佳的教学效果。通过这种综合策略的实施，我们可以最大限度地发挥教师团队的整体效能，实现计算机科学与数学课程的有效整合，为学生提供更加丰富、多元化的学习体验。

参考文献

[1] 崔国忠，郭从洲，王耀革. 大学数学教学丛书数学分析中的思想方法［M］. 北京：科学出版社，2023.

[2] 刘丽梅. 大学数学能力培养与教学研究［M］. 北京：中国纺织出版社，2023.

[3] 詹棠森，方成鸿. 数学实验与数学建模［M］. 北京：中国铁道出版社，2023.

[4] 黄永辉，计东，于瑶. 数学教学与模式创新研究［M］. 北京：中国纺织出版社，2022.

[5] 王雪，郭芸，周陈焱. 大学应用数学学习指导［M］. 重庆：重庆大学出版社，2022.

[6] 刘子辉. 数学基础［M］. 北京：北京理工大学出版社，2022.

[7] 赵培勇. 高校数学教学方法发展与创新研究［M］. 延吉：延边大学出版社，2022.

[8] 于晓要，李娜，杨召. 高校数学教学模式构建与改革研究［M］. 长春：吉林出版集团股份有限公司，2021.

[9] 朱贵凤. 高等数学［M］. 北京：北京理工大学出版社，2021.

[10] 何聚厚. 高校教学模式创新与实践研究［M］. 西安：陕西师范大学出版总社有限公司，2021.

[11] 李英奎，周生彬，马林. 数学建模研究与应用［M］. 北京：北京工业大学出版社，2021.

[12] 侯毅苇，张晓媛. 大学数学教学与创新能力培养研究［M］. 长春：吉林人民出版社，2021.

[13] 李德宜. 大学数学教学与研究［M］. 北京：科学出版社，2021.

[14] 周志刚. 大学数学教学与改革丛书数值计算方法［M］. 北京：科学出版社，2021.

[15] 李淑香，张如. 高等数学教学浅析［M］. 天津：天津科学技术出版社，2021.

[16] 陶向东. 大学应用数学［M］. 苏州：苏州大学出版社，2021.

[17] 王耀革，郭从洲. 高等数学同步自主学习指导［M］. 北京：北京邮电大学出版社，2021.

[18] 韩晓峰，胡俊红. 多元视角下的大学数学教学研究［M］. 长春：吉林出版集团股份有限公司，2020.

[19] 张华英，夏云. 大学数学［M］. 北京：北京理工大学出版社，2020.

[20] 赵长林，王桂清，李友雨. 大学课程与教学研究［M］. 北京：北京理工大学出版社，2020.

[21] 王文静，袁海君. 高等数学［M］. 上海：上海财经大学出版社，2020.

[22] 欧阳正勇. 高校数学教学与模式创新［M］. 北京：九州出版社，2019.

[23] 范爱琴，吴娟. 高校数学教学探索与实践［M］. 长春：吉林出版集团股份有限公司，2019.

[24] 崔丽丽. 高校数学教学与通识教育［M］. 哈尔滨：东北林业大学出版社，2019.

[25] 王龙. 高校数学教学与数学应用研究［M］. 长春：吉林出版集团股份有限公司，2019.

[26] 杨合松. 高校数学教学模式与创新性研究［M］. 延吉：延边大学出版社，2019.

[27] 徐雪. 大学数学教学模式改革与实践研究［M］. 北京：九州出版社，2019.

[28] 姜伟伟. 大学数学教学与创新能力培养研究［M］. 延吉：延边大学出版社，2019.

[29] 刘莹. 新时代背景下大学数学教学改革与实践探究［M］. 长春：吉林大学出版社，2019.

[30] 刘莹. 数学方法论视角下大学数学课程的创新教学探索［M］. 长春：吉林大学出版社，2019.

［31］王洋，何其慧. 数学方法论与大学数学教学研究［M］. 长春：吉林出版集团股份有限公司，2019.

［32］朱光艳. 数学教学与数学核心素养培养研究［M］. 北京：北京工业大学出版社，2019.

［33］储继迅，王萍. 高等数学教学设计［M］. 北京：机械工业出版社，2019.